"十三五"普通高等教育本科部委级规划教材

服装纸样艺术设计

（女装篇）

柏昕 陈嘉毅 编著

中国纺织出版社

内容提要

本书是对创意服装纸样设计的一个深入研究，系统阐述了裙装、女裤、女衬衫、连衣裙、外套、女大衣的结构设计原理、变化规律、设计技巧，观点新颖，理论阐述透彻清晰，可操作性强，是学生学习服装结构制图课程后的延续和升华。本书针对有一定服装结构设计基础的人员，结合行业特点，用大量图片对纸样类型和技术做了深入的案例剖析与实践，力求展现灵活的设计手法，和结构处理技巧，有很强的理论性、系统性和实用性，符合现代工业生产的要求。

本书既可作为高等院校服装专业的教材，也可供服装企业女装制板人员及服装制作爱好者进行学习和参考。

图书在版编目（CIP）数据

服装纸样艺术设计. 女装篇 / 柏昕，陈嘉毅编著
. --北京：中国纺织出版社，2017.6（2022.9 重印）
"十三五"普通高等教育本科部委级规划教材
ISBN 978-7-5180-3540-3

Ⅰ.①服… Ⅱ.①柏… ②陈… Ⅲ.①女服—纸样设计—高等学校—教材 Ⅳ.①TS941.2

中国版本图书馆CIP数据核字（2017）第089819号

责任编辑：范雨昕　　责任校对：寇晨晨
责任设计：何　建　　责任印制：何　建

中国纺织出版社出版发行
地址：北京市朝阳区百子湾东里A407号楼　邮政编码：100124
销售电话：010—67004422　传真：010—87155801
http：//www.c-textilep.com
中国纺织出版社天猫旗舰店
官方微博http：//weibo.com/2119887771
北京虎彩文化传播有限公司印刷　各地新华书店经销
2017年6月第1版　2022年9月第2次印刷
开本：787×1092　1/16　印张：9.75
字数：180千字　定价：46.00元

前言

随着现代服饰造型艺术的发展，如何运用优美而准确的纸样来表达服装正越来越受到成衣设计与生产的重视。一些简单平实的服装结构设计入门教材已难达到理想的教学效果，也难以满足成衣的批量化、工业化生产要求。

我国相关服装纸样的教材基本有两类，一类适合专业基础教学，讲授基本原理，引导学生专业入门，所选服装款式陈旧过时，多作为服装结构设计课程基础教材；另一类研究较为深入，观念新颖，但多为欧美和日本教材翻译本，不适合我国高等教育，可作为教学参考书。本教材在前两类教材基础上，结合行业及学生特点，采取目前应用较为广泛的日本第八代原型法对女装近年来的一些经典时尚款式进行结构分析，用大量图片对纸样类型和技术做了深入的案例剖析与实践，强化纸样艺术的系统性，深入浅出，既增加了学生的学习兴趣，也能较好地培养学生的自主学习和创新意识。

全书由盐城工学院纺织服装学院柏昕和陈嘉毅合作完成。绪论、第一章、第三章、第四章（第一节、第二节）、第六章由柏昕编著；第二章、第四章（第三节）、第五章由陈嘉毅编著；本书结构图由陈嘉毅绘制，柏昕最后进行了全书统稿。本教材的编著与出版得到了盐城工学院教材建设基金项目的资助及各级领导和同事的指导帮助，刘霞同学为本书的出版也付出了许多辛劳，在此一并表示感谢！

本书为艺术纸样设计，因此一些服装纸样设计的基本概念及约定俗成并未详细阐述。书中女装的尺寸规格都是以厘米（cm）为单位。所涉及的英文代号皆与刘瑞璞编著的《服装纸样设计原理与应用女装编》相统一：*h*代表号，即身高；*B*代表胸围；*W*代表腰围；*H*代表臀围；SL代表袖长，*L*代表长度。

历时一年半终于完成了书稿，由于时间仓促，编者水平有限，书中难免有疏漏之处，欢迎各位专家、同行和读者提出宝贵意见，指出不足之处，不胜感激！

柏　昕

2017年2月

课程设置指导

课程名称：服装纸样艺术设计

适用专业：服装设计与工程

总学时：64

理论教学时数：52

实验（实践）教学时数：12

课程性质：本课程为服装设计与工程本科专业的专业主干课，是必修课。

课程目的：

1．理解基础服装纸样设计原理，掌握创意时尚服装的纸样艺术设计方法。

2．具有一定的独立思考能力与实践能力，能够结合服装材料、流行趋势、市场需求对创意时尚服装款式纸样进行设计分析与处理。

课程教学的基本要求：

教学环节包括课堂教学、现场教学、作业、课堂练习、阶段测验和考试。通过各教学环节重点培养学生对理论知识理解和运用能力。

1．课堂教学：充分利用数字化技术、网络技术制作丰富多彩的教学和辅导材料，采用启发、引导的方式讲解服装纸样艺术设计方法与原理，并及时补充最新的服装发展动态；在讲授过程中注意调动学生学习积极性，提高教学效率。本课程注重教与学的过程，采用每周作业、实践实训等多种形式综合考核，锻炼学生的独立能力和分析能力。

2．实验教学：实验教学与理论教学同步进行，实验内容与课程相衔接。学生根据服装款式进行结构设计，绘制1：1纸样。通过完整的纸样制作过程，提高同学们理论联系实际的能力与创新能力。

3．课外作业：每章给出若干思考练习题，尽量系统反映该章的知识点，布置适量书面作业。

4．考核：采用课堂练习、阶段测验进行阶段考核，以考试作为全面考核。考核形式根据情况采用开卷、闭卷的笔试方式，题型一般包括填空题、判断题、作图题和设计题。

教学学时分配

章数	讲 授 内 容	学时分配
绪论	服装的功能与分类	1
第一章	纸样设计的方法与要素	3
第二章	裙装纸样设计	8
第三章	裤装纸样设计	8
第四章	女装基本纸样设计	6
第五章	上装纸样艺术设计	14
第六章	成衣纸样综合设计	12
合 计		52

目录

绪论

人类生活离不开服装，服装自诞生以来，已有上万年的历史，服装文化是我国悠久历史文化的重要组成部分。现代服装已成为与人们生活的各个领域相关的一种文化现象，是每个人装饰自己、保护自己的必用品，不仅为穿，还是一个身份、一种生活态度。

一、服装的功能

1. **实用功能** 实用功能有广义和狭义之分。广义可以理解为对环境的“适应”“顺应”，包括自然环境和社会环境。狭义的实用功能表现为服装的各种机能：蔽体、保暖、透气等。具体表现为人类作为生物体生存时，对应于外界自然环境和自身的生理现象的各种实用性和科学性，如寒冷地带所需的保温性，暑热地带所需的散热性，多湿地带所需的通风透气性以及为了方便于人体劳作和运动所需的便于活动性，对于汗等体内排泄物的吸湿性等。

2. **美化功能** 服装具有装饰身体，满足人们内在的、对美的需求的功能。服装的美化功能来源于服用者本能的追求美的心理，满足人们精神上美的享受。俗话说：“人靠衣装，马靠鞍”，服装让人更加美丽、时尚、高雅、大方。

3. **标识功能** 标识功能是利用服装标示着装者的性别、年龄、职业、地位等的功能。服装具有“外向性”特征，即穿给别人看的。具体表现为人类在集体活动中，在对他意识的驱使下，通过着装行为向他人表明自己的身份、教养、意志、主张、感情、个性和嗜好等社会内容。

二、服装的分类

服装的款式很多，种类也很多，人们按照不同的时间、地点及着装目的（TPO 原则），选择不同的服装，以适应个人生活和社会生活的需要。

1. **根据服装的基本形态与造型结构进行分类** 可归纳为体形型、样式型和混合型三种。

（1）体形型。体形型服装是符合人体形状、结构的服装，起源于寒带地区。这类服装的一般穿着形式分为上装与下装两部分。上装与人体胸围、项颈、手臂的形态相适应；下装则符合腰、臀、腿的形状，以裤型、裙型为主。裁剪、缝制较为严谨，注重服装的轮廓造型和主体效果，如西服类多为体形型。

（2）样式型。样式型服装是以宽松、舒展的形式将衣料覆盖在人体上，起源于热带地区的一种服装样式。这种服装不拘泥于人体的形态，较为自由随意，裁剪与缝制工艺以简单的平面效果为主。

（3）混合型。混合型结构的服装是寒带体形型和热带样式型综合、混合的形式，兼有两者的特点，剪裁采用简单的平面结构，但以人体为中心，基本的形态为长方形，如中国旗袍、日本和服等。

2. **按穿着组合分类**

（1）整件装。上下两部分相连的服装。如连衣裙、礼服、连裤装等，因上装与下装相连，服装整体形态感强。

（2）外套。穿在衣服最外层，有大衣、风衣、雨衣、披风等。

（3）背心。穿至上半身的无袖服装，通常短至腰、臀之间，为略贴身的造型。

（4）裙。遮盖下半身用的服装，有一步裙、A字裙、圆台裙、裙裤等变化较多。

（5）裤。从腰部向下至臀部后分为裤腿的衣着形式，穿着行动方便，有长裤、短裤、中裤等。

（6）套装。上衣与下装分开的衣着形式。一般采用同一块面料制作上装和裙子，或是外套和裙子，再或是上装和裤子，马甲、西服、裤子等，有两件套、三件套、四件套。

3. **按用途分类** 可分为内衣和外衣两大类。

（1）内衣。紧贴人体，起护体、保暖、整形的作用。

（2）外衣。由于穿着场所不同，用途各异，品种类别很多。又可分为社交服、日常服、职业服、运动服、室内服、舞台服等。

4. **按服装面料与工艺制作分类** 可分为中式服装、西式服装、刺绣服装、呢绒服装、丝绸服装棉布服装、毛皮服装、针织服装、羽绒服装等。

5. **其他分类方式** 除上述一些分类方式外，还有些服装是按性别、年龄、民族、特殊功用等方面的区别对服装进行分类。

（1）按性别分类：有男装、女装。

（2）按年龄分类：有婴儿服装、儿童服装、成人服装。

（3）按民族分类：有我国民族服装和外国民族服装，如汉族服装、藏族服装、墨西哥服装、印第安服装等。

（4）按特殊功用分类：有耐热的消防服、高温作业服、潜水服、飞行服、宇航服、登山服等。

（5）按服装的厚薄和衬垫材料不同来分类：有单衣类、夹衣类、棉衣类、羽绒服、丝棉服等。

（6）按服装洗水效果来分类：有石磨洗、漂洗、普洗、砂洗、酵素洗、雪花洗服装等。

第一章　纸样设计的方法与要素

第一节　纸样设计的方法

一、纸样的概念

纸样（Pattern）是服装样板的统称，是完成服装平面制图的纸型。纸样设计是将平面的面料转化为立体的服装的中间环节，是二次设计，具有承上启下的作用和地位。它是实现服装造型效果的根本手段之一，为服装工艺制作提供成套的样板和实物。纸样既要忠实地体现和反映造型设计师的设计意图，又要最大限度地满足工艺设计的可行性和经济性。

服装的社会文化属性要求纸样设计能够满足不同种族的文化习惯、性格表现、审美趣味的要求。现代社会，根据纸样所起的作用不同可分为工业纸样、单款纸样和简易纸样。其中，用于批量生产的工业纸样，是服装工业生产中所依据的工艺和造型的标准；单款纸样一般是用于定制服装的，针对一些特殊体型或高档服装；而用于家庭制作的则为简易纸样，方便快捷。

二、纸样设计的方法

目前，纸样设计方法有立体构成法、平面构成法和立体和平面并用三种方法。

1. **立体构成法**　所谓立体构成法是将布料或纸张覆盖于人体模型或人体上，通过分割、折叠、抽缩、拉展等技术手法制成预先构思好的服装造型，再按服装结构线的形状将布料或纸张剪切，最后将剪切后的布料或纸张制成正式的服装纸样。立体构成技术又称立体裁剪，可以根据服装款式特点，直接进行取舍，无须公式计算，是一种直观易学的裁剪方法，如图 1–1–1 所示。

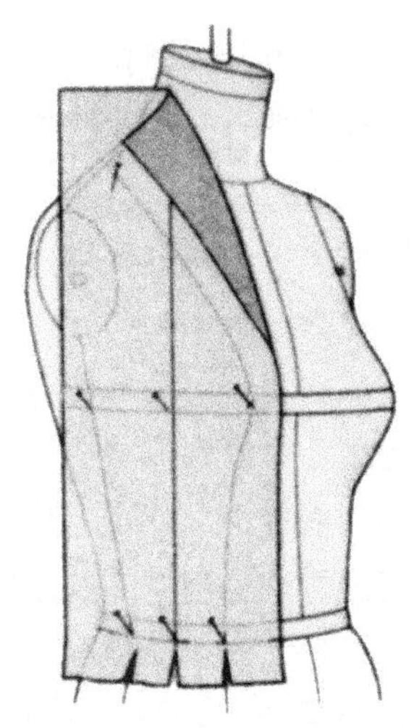

图 1–1–1　立体构成技术图

立体构成法起源于 13 世纪的欧洲，是一种既古老又年轻的纸样设计技术，其过程既是技术过程，又是设计过程。因此，要求操作者除了具有过硬的服装立裁技术，还应具有较高的审美能力和艺术素养。在服装业高度发达的国家（法国、意大利等），设计师的设计过程都是通过立体构成方法完成的。用立体构成法完成的纸样所制成的服装，与人体吻合度高，结构线条自然流畅。适用于礼服、连衣裙以及造型为不规则皱褶、垂褶、波浪等形式的服装，最好使用轻薄、柔软、固定性差，但是悬垂性能较好的材料，如丝绸、丝绒、薄型化纤织物等。

立体构成法是最基本、最原始的技术方法，其他方法均是在其基础上研究发展起来的。但运用立体构成法进行纸样设计成本高，效率低，更适用于单裁单做，在高级定制或艺术性，表演性强的服装领域中应用较多。

2. **平面构成法** 平面构成法指运用一定的计算方法、变化原理，将服装的立体形态分解转换成平面的结构制图，并在平面纸张或布料上绘制出来，并进行放缝、画对位点、标注各类技术符号，最后剪切、整理成规范的纸样。

平面构成技术中根据制图过程可分为直接制图法和间接制图法。直接制图法是根据服装风格结合成衣规格以身高、胸围、腰围、臀围等服装的主要控制部位的数据来推算其各细部规格的数据，这些计算公式必须根据服装各部位间的相互关系或服装与人体间的相互关系来确定，根据作图方法不同，有胸度式、短寸式、基本矩形式等。胸度式作图法使用率较高，它是从穿着者身上采测胸围、背长、袖长等几个部位的尺寸，然后主要以胸围尺寸为基础推算其他部位的尺寸。

直接制图法具有操作方便、制图公式易于掌握的优点，可以直接在纸上或布料的反面画线，是一种一步到位的方法。缺点是以衣为本，根据这种方法推出的计算公式是一种取平均值的关系式，因此，用来进行合体性要求较高的设计时，需要根据体型和个性特征进行补正。它只适用于一些款式简单、宽松类的服装。

间接制图法是采用原型或基型作为媒介的一种制图方法。其中原型为构成结构图形的基础纸型之一，其结构是服装结构图形中最简单的形式。原型法是从国外引进的一种方法，所谓“原型”，指符合人体原始状态的基本形状，根据人体设计作为制作服装的基础，是最基本的纸样类型。服装原型朴素而无装饰，具有简单、实用、方便等特点。原型法有很多种，服装业发达的国家都有符合本国人体的原型，有的一个国家还存在多种原型，如日本有文化式、登丽美式、割合式、依东式等。

间接制图法的特点是以人为本，适用范围广。在整个纸样设计过程中，人体体型和服装款式两者始终紧密结合在一起，即具有一定的科学性，又有较强的艺术变化，是我国各大院线普遍采用的服装纸样设计教学方法。

3. **立体和平面并用法** 立体构成法是服装裁剪最早采用的方式，平面构成法起源于立体构成法。在纸样设计过程中，运用立裁易出现成本昂贵、服装造型优美但不便于活动的现象，而在平面制图中，则会存在平面纸样与立体造型之间的空间想象差异。因此，可将立体构成法与平面构成法这两种技术结合起来，形成第三种方法并用法。立体构成法侧重于整体造型，平面构成法一般侧重于比例关系，它们各具特点、各有所长。在款式较简单的部位用平面构成法，款式变化较繁杂的部位则用立体构成法，如服装中垂坠褶设计，先利用平面制图的方法绘制基本的纸样，并使用坯布裁剪组合，悬垂部位则直接披覆到人台上，通过立裁的方法进行处理。这种将立体和平面并用的方法非常实用有效，两者相辅相成，互相取长补短。

三、纸样设计原理

无论男装和女装，其纸样设计的原理是相同的，均是研究人体的立体造型，以科学、美观为目的。但因女体凹凸有致，曲线玲珑，富于变化，故女装纸样设计更为复杂、富有艺术性。就女装而言，立体处理是造型关键，核心问题则是如何塑造女性的胸、腰、臀部的立体感。而将平面纸样转变为立体造型的主要途径，就是省、分割、褶。

1. **省及省移原理**　所谓省，就是将面料内的一部分缝合起来，使裁片在缝合末端凸起的结构，其作用是完成服装与人体余缺的合体处理。省是服装立体造型的基本手段，省量、省尖点和省位是省的三个构成要素，它们在保证正确设省的同时，分别控制服装成型的不同方面：省量，变化范围在零及全省量之间，取值不同，服装廓形呈宽松或合体状；省尖点，必须指向人体凸点，保证设省的合理性；省位，可依款式变化位置，是服装结构丰富多变的技术前提。正确理解并运用三大要素，设计者便可完成不同廓型、不同款式的纸样设计。

省的转移是以变化款式为基本目的的，若在转移过程中选择不同的省量，则会在变款的同时，改变服装的廓型。

（1）省的全省转移。全省转移是指将原型中的全部省量（用省极限）等量转移至新位置缝合。由于用省最大量集中于上点，往往会造成省尖点缝纫不平伏，造型突兀。为改善这种不良外观，通常采用多省设计。虽然省的个数增多了，但用省总量不变（作用不变），是全省量的分解使用，所以这种设计方法，又称全省的分解转移（图 1-1-2）。

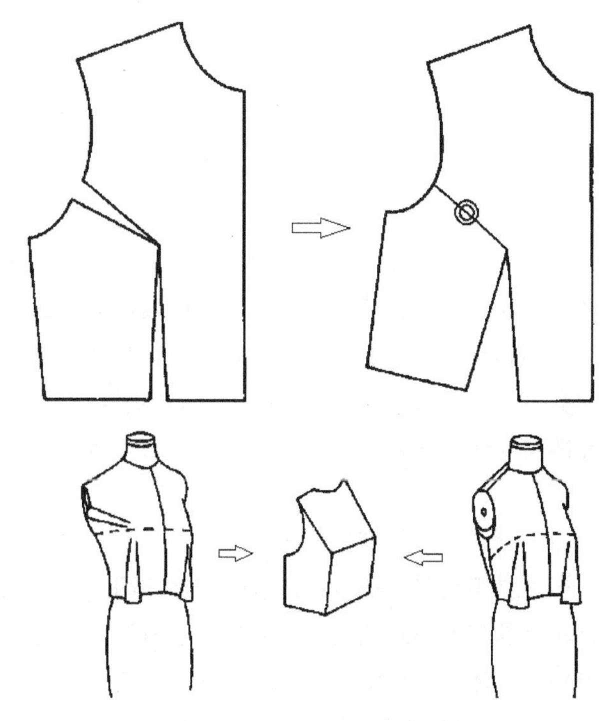

图 1-1-2　省的分解转移图

（2）省的部分转移。原型中提供的全省量是用省的极限，其量的选择具有很大的灵活性。当服装廓型全体时，用省量趋大，省的个数通常亦随之增加，以使服装外观柔和丰满，在纸样的技术手段上，选择全省的分解转移。当服装廓型稍有宽松时，用省量减小，通常采用单省的款式。

2. **分割设计**　分割是女装合体结构的另一重要造型手段。分割设计要以服装结构的基本功能为基础，既要使分割服装造型符合人体形态，还要符合形式美法则富于美感。纸样进行直接分割时，多用于宽松服装的拼缝设计。而当分割缝中加入省量后，服装呈现和省效果完全相同的立体，但外观更为含蓄柔和。所以，分割设计需首先判断缝是否经过人体相关凸点，是否有并入省量的可能性。女装中的经典分割设计刀背缝和公主线，广泛应用于衬衣、连衣裙、套装还是大衣中，它们线型流畅柔和。缝合后能充分体现女性优美的曲线。

3. **褶饰设计** 褶饰设计除了具有收省和分割线的作用外，还具有独特的造型功能。褶的形式多种多样，如单向折褶、对开折褶、规律折褶（普力特褶）、抽褶等。它们可以出现在服装的任何部位，造型丰满多变，具有律动的美感，是服装的重要装饰手段。

褶量是褶的构成要素之一，褶量的来源有二：一是省量，当设计的褶皱经过人体凸点时，该凸点的省量不作缝省处理，直接转为褶量缝合；二是切展追加。当省量转变的褶量过小，不足以满足褶的造型需要时，通过纸样切展来进一步追加褶量。 切展时根据褶的形状不同，追加褶量的部位和方法各异，大致可分为：辐射切展、双向切展和平行切展三类。 当褶皱与人体验凸点无关时，褶量的来源便只有切展追加一条途径了。若褶与凸点相距很远，就没有可能把为凸点设计的省量转化为褶量。所以，作褶的第一步，要先分析褶与相关凸点的关系，然后判断褶量的来源并予以实施。

省、分割和褶是女装结构变化的基本因素，它们的综合应用大大丰富了服装的款式。三者外观特征迥异，但内在规律相同：省和省移原理。正确理解省与人体凸点、服装廓型的关系是结构准确的第一步，其次才是运用省移或切展等技术手段完成款式的变化。

第二节　纸样设计构成要素

纸样设计阶段是服装造型设计的重要环节，服装的合理性、技术性、严谨性、科学性及理性美都体现在此，服装纸样设计通俗来说即服装的裁片设计，裁片为何种形状制约着造型的准确性和完整度，此外，完成后的服装需要穿在人体上，并且面料的物理性能也影响着整体的穿着状态，因此，影响纸样设计的因素综合来说有款式造型因素、人体因素、面料的物理性能、缝制因素等。

一、款式造型要素

款式造型设计是影响纸样设计的首要因素。纸样设计应注重服装各个点、线、面的关系，并且巧妙地与人体结构结合，如将上衣省道巧妙地隐藏在艺术性分割线中。而一些服装款式虽视觉效果优美，但结构不合理，或是只考虑结构方式的可行性而忽略造型，在设计上分割凌乱、比例失调，使服装失去美感。

款式造型的审视与分解是指通过审视服装效果图、最简单的面造型图，来分析款式的外部特征、内分割形式、服装内外结构的组合关系，将服装设计表达不完善的部分进行合理想象并进行结构分解，这是结构设计的第一步。首先，判断其设计服装属于何种类型，首要功能是什么，穿着对象的性别、年龄以及季节、区域、用途和穿着方式又如何。除此以外，还要判断服装是实用类还是表演类，外衣还是内衣，多层还是单层，上卸装分离还是连接的，某些部件是附带加的还是不可分的。其次，判断服装款式服装的外廓形状、服装的长短、宽松度等以及横开领的大小、直开领的高低、袖的形态、分割线的形状，分割以后服装面积的比例关系等。另外，还要判断从效果图上可以直接观察到的款式结构以及款式的透视结构。并非所有款式造型都是合理的，一些款式设计所表达的结构是不能分解成最简单的面结构形式的，进行结构设计时，除了要体现款式设计独特之处外，还需将服装设计表达不完善部分的结构合理化，如增加结构线，转变结构线的形状，再进行结构分解。

二、人体因素

服装以人为本，我们做出的每件服装最终是要给人去穿着，所以人体是纸样制作的根本。而人体是立体的，面料是平面的，做纸样就是将面料通过收省等工艺处理来达到立体的效果。静态人体各部位的尺寸数据、体型与体态特征、动态人体所产生的体表变化是纸样设计的依据。对于平面裁剪而言，人体各部位的尺寸数据和体型特征是制图的关键，把握好基本的人体尺寸特征及动态人体的变化，才能在此基础上进行纸样加量或减量的设计，才能在适体的基础上获得需要的纸样形状；所以人体各部位的比例结构尺寸是制作纸样的基本依据，原型在中国的广泛应用就是因为原型依据标准人体通过加放适当的活动量做出的基本型。不论是什么服装都是万变不离其宗，都是依据相应人体的基本型来展开的。所以在制作纸样时要先绘制相应的基本型，再根据款式需要，面料性能等做适当的修正、调整来得到相应的纸样。

当然，这里讲的人体不仅是静态的人体，还需要了解动态的人体。确切地说，静态的人体是纸样设计的基本依据，而动态人体才是设计的最终目的，也就是服装的实用性和功能性，它能否满足人们日常活动的需要。所以人们在纸样设计时要考虑人体在动态时与制板有关的因素，如骨骼关节运动的规律、方向、范围及运动引起长度、高度等的变化，肌肉在骨骼的带动下引起的变形、隆起、伸展的程度以及相对运动和补偿它引起的变化（如呼吸运动等）。而要解决以上问题就是在设计过程中在静态人体基础上通过加放松量来解决，而放松量加放的位置、大小以及对相关结构的影响是纸样设计的重点。服装穿在人体是统一的整体，而在制板过程中它们却往往是矛盾的。要达到完美的效果，就需要我们在制板时平衡它们之间结合的“点”，在追求合体的基础上最大限度地满足人体活动的需要。

随着人们生活的日益提高，人们越来越追求服装的艺术性。从纸样的角度考虑，要善于运用人体某些尺寸的缺陷，在设计时通过点、线、面的处理来包容人体某些部位的不足，从而达到美化人体的目的，使穿着者更漂亮，更自信，更有气质，更有品位。这样的纸样设计才真正是形神兼备，具有艺术气息。

三、面料因素

服装设计的关键之一是要协调好服装结构与面料潜在特性之间的关系，处理好面料对结构的影响，根据面料的不同特性设计出造型效果圆满的纸样。

首先是面辅材料的质地性能差别的影响。纸样设计时需根据掌握面辅料的性能做出相应的适当调节，如按其自然回缩率、升温缩率、缩水率等具体性能和数值，在制板时进行调节，以确保成品规格的要求。其次，服装面料的表面差别，面料正反面及不同的织纹特征，对制板有很大的影响，如面料的倒顺光、倒顺条格以及色织或印花织物中的花纹图案的植物图案、鸳鸯条格等。再有，该纸样设计主要针对机织面料，机织面料有经纱和纬纱的概念，机织面料的主要构成方式是由经纱和纬纱织成的，由于它们在纺织过程的工艺不同，形成了各具特色的性能，在服装上的应用也各不相同。直纱具有结实不易伸长变形的特点，适合按人体垂直的方向，主要表现在服装的长度方面。横纱的纱质柔软，捻度较小具有能够略微伸长或缩小的特点，适宜于人体横向的使用，主要表现为服装的围度及各局部的宽度。斜纱就是经纱和纬纱的交点斜向使用，具有伸缩性较大，富有弹性，有良好的可塑性，易于弯曲变化，在服装上许多边条等部位经常使用，有饱满、曲弯圆顺自然的优异效果，在连衣裙、大衣等大幅和斜裁的服装中也取其垂绺顺畅、浪势圆腴、张弛自如的效果。

另外，服装用材料的物理性能还包括材料的薄厚、软硬、轻重、光糙、疏密、可塑性、变形性等，不同的物理性能显现出不同的外观，所制作的服装也呈现出不同的形态，例如用绡做的褶皱要比用丝缎做的褶皱硬挺，外观饱满，张力强。此外，服装素材的选择不仅要考虑它的造型能力，也要考虑其吸湿透气性、保暖性、柔软度等穿着舒适性能。在纸样设计中，针对不同的材料对纸样的处理方法也不同，例如较厚的面料需要追加必要的厚度量，弹性大的面料可根据造型适度减量，可塑性强的面料如毛呢可增加量进行缝缩，或减少量进行拔开等工艺处理。

四、缝制因素

纸样设计虽然是在缝制工艺的前期，但工艺要素对纸样设计也会产生一定的影响。服装纸样设计不仅要符合唯美、时尚、个性化的要求，还要适合工厂缝制的可操作性、工业化、经济性的要求，要降低工艺难度，尽量使工艺简便、缝制简单，提高生产效率。纸样设计中结构线的形态能影响服装加工的外观质量，影响加工的难易，故而需要精心地处理服装结构，减少制作工艺的庞大性，把工艺的问题尽量解决在结构中。

在服装结构制图过程中，由于采用的服装工艺不同，所放的缝份，折边量也不相同。首先看缝份结构，如上装的背缝、侧缝、袖缝、上领缝等，下装的裆缝、腰缝、侧缝等；另外还有做缝的表现方法，有劈缝、倒缝等，这些都要在制板时留放缝头，做出不同情况区别。其次，缝边构造，服装各部位或部件的边缘都要有一个连折或另外单绱的形式区别，如底摆、袖口、裤脚口、止口、袖窿、领口等，这些结构处理在制板时都应该反映出来。再有，内部构造的区别，包括衣服的面和衬及其他辅料的结构关系，如上衣是挂全里或半里，还是不挂里子，其用衬及制作工艺都要改变，在制板时就要进行不同形式的改变。最后，整形工艺，从目的上是针对某些部位使其缩短或伸长以达到面上的凸起或凹陷，从手段上包括手工的抻拽或缩拢，加上牵条的固定和手针的拱线收缩等，还有专业设备的整形、拔裆、烫胸等，这些工艺手段的处理在纸样设计时都要进行适当的处理和调整。

另外，缝制因素对服装纸样设计的影响还体现在缝纫设备、缝纫线的运用等。缝制从大的方面来说可分为手工缝制和机器缝制，手工缝制相对于机器缝制来说更为灵活，在缝制时能够适度控制服装的缝缩量，针法多样，给予纸样设计较大的灵活性和自由度。机器缝制是在大工业生产的基础上产生的，方便快捷，提高了服装加工的速度和质量，但是灵活性没有手工缝制高。手工缝制和机器缝制结合起来是目前多数设计师采用的方法，一方面易于得到理想的造型，另一方面制作速度和品质也得到了提高。

☞思考练习题

1. 简述纸样的概念与种类。
2. 纸样设计方法有哪几种？各有什么特点？
3. 省是女装设计的灵魂，请阐述上装中胸省转移原理。
4. 影响纸样设计的因素有哪些？
5. 服装款式造型对纸样设计的影响大吗？为什么？
6. 查阅资料，收集影响纸样设计的 8 处人体关键数据。

第二章　裙装纸样设计

第一节　裙装基本纸样

裙装是一种围于下体的服装，属于下装的两种基本形式之一（另一种是裤装）。它是人类最早的服装，上衣下裳（襦裙等，裳即裙的古称）是中国传统服装最基本的形式。裙子以通风散热性能好，穿着方便，美观，样式多变化等诸多优点而为人们所广泛接受，其中尤以女性和儿童穿着较多。

一、裙装分类

1．**按裙长分类**　可分为超短裙、迷你裙、齐膝裙、中长裙、长裙、曳地裙等，如图2-1-1所示。

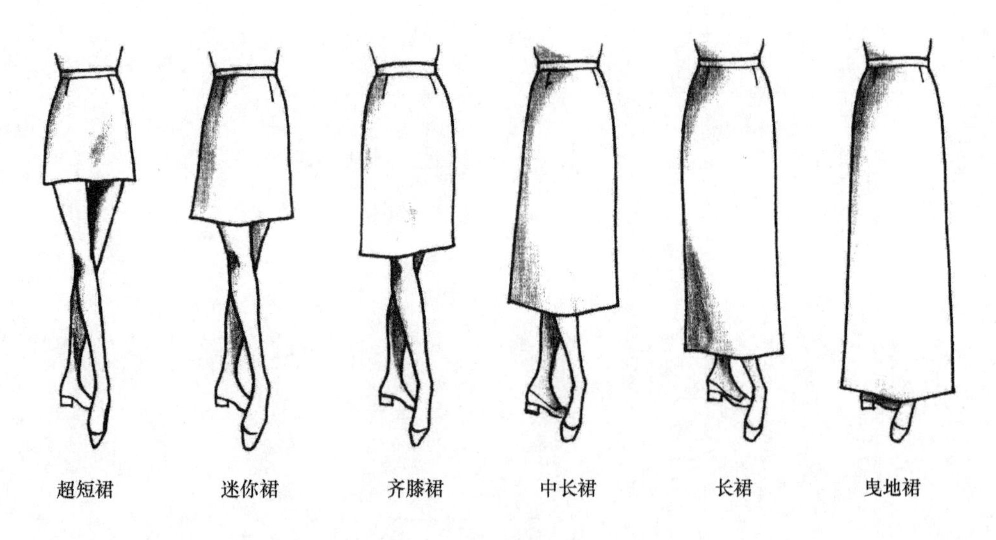

图2-1-1　以裙长分类

（1）超短裙：长度至臀沟，腿部几乎完全外裸，长度约为1/5号+4cm。

（2）迷你裙：裙长在大腿中部或下部，长度约为1/4号+4cm。

（3）齐膝裙：裙长在膝盖位置，长度约为3/10号+4～12cm。

（4）中长裙：裙长在膝盖以下，小腿中部以上，长度约为2/5号+6cm。

（5）长裙：裙长在小腿以下，脚踝以上，长度约为3/5号。

（6）曳地裙：裙长至地面，可以根据需要确定裙长，长度约大于 3/5 号 +8cm。

2. **按裙腰围线的形态分类**　可分为低腰裙、无腰裙、装腰型裙、高腰裙、连腰裙、连衣裙等，如图 2-1-2 所示。

（1）低腰裙：裙子腰位在人体腰围线以下，采用腰贴或滚边工艺。

（2）无腰裙：裙子腰位在人体腰围线位置，但是没有装腰头，采用腰贴或滚边工艺。

（3）装腰裙：裙子腰位在人体腰围线位置。

（4）高腰裙：裙子腰位在人体腰围线以上，胸围线以下。

（5）连腰裙：裙子腰位在人体腰围线以上，腰头与裙片连裁，采用腰贴工艺。

（6）连衣裙：由衬衫式的上衣和各类半裙相连而成。

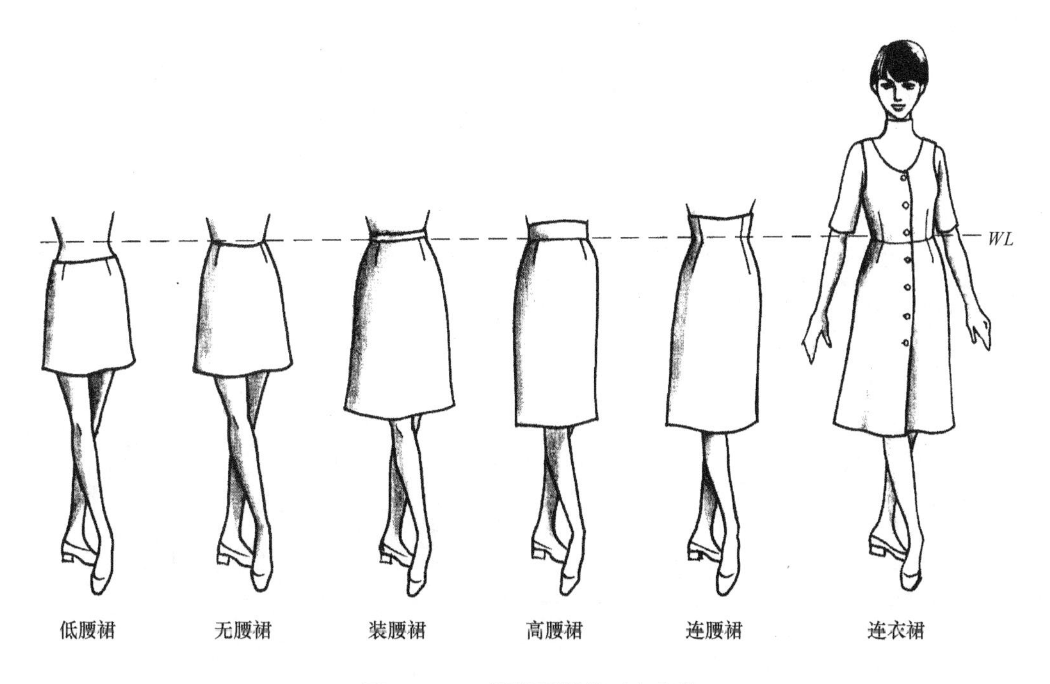

图 2-1-2　以裙腰围线的形态分类

3. **按裙子的整体形态分类**　可分为筒裙、梯形裙、斜裙、多片裙、褶裥裙、直线造型裙、倒梯形裙、裙裤等。

（1）筒裙：整体细长，臀部余量少，裙侧缝线从臀部到裙摆线是垂直的款式。另外，裙摆较窄，为了增加步行时裙摆的活动量（图 2-1-3），加入褶裥、侧开衩、后开衩（图 2-1-4），以方便行走。材料选用时，由于松量较少，所以适合选择撕裂强度高的面料和结实有弹性的面料，且缝份应适当加大一些。

①紧身裙：从腰围至臀围比较合体，从臀围至下摆围直线型轮廓。

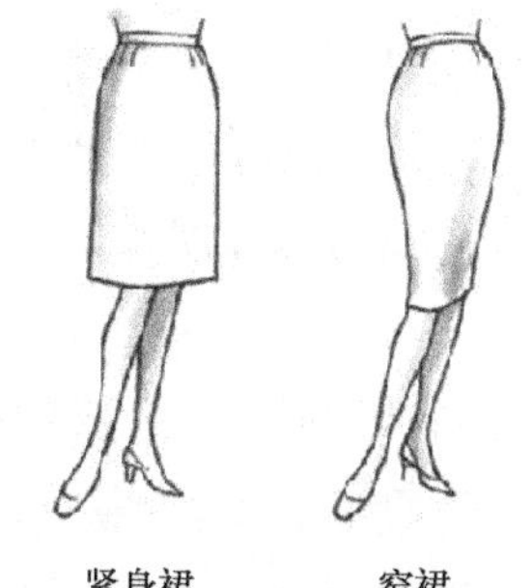

图 2-1-3　筒裙正面款式

②窄裙：从腰围至臀围合体，从臀围线以下至下摆逐渐变窄，

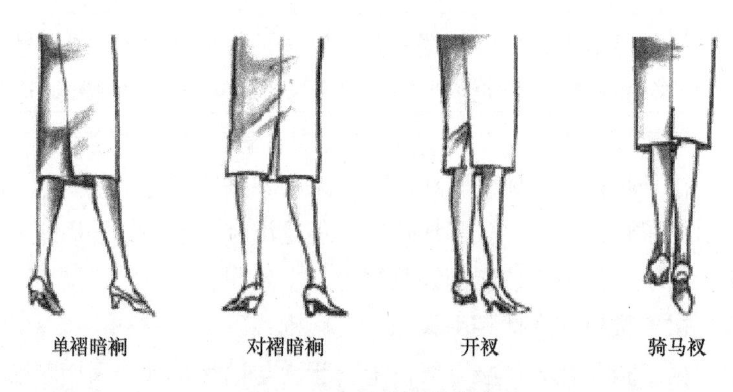

图 2-1-4 筒裙背面款式

也称为紧身裙、锥形裙、铅笔裙。

（2）梯形裙：梯形造型是下摆较大的圆台造型款式裙。材料选用时，与筒裙大致相同。

半紧身裙：与紧身裙结构款式相同，从腰部到臀部紧贴身体，下摆稍微扩展，刚好适合行走，如图 2-1-5 所示。

（3）斜裙：仅在腰部比较紧身合体的裙子，裙摆线成圆弧形，运动时款型优美，如图 2-1-6 所示。材料选用时，采用轻薄柔软、经纬向弹力、质感相同的面料较好，织物紧密的面料因悬垂效果差，应避免使用。

图 2-1-5 半紧身裙

图 2-1-6 斜裙款式

①喇叭裙：腰线及下摆像喇叭花形状的裙子。

②圆摆裙：下摆展开完全成圆形的裙子。

③褶皱喇叭裙：腰部加入碎褶的喇叭裙。

（4）多片裙：把裙片分成几片，然后再拼合而成的款式称为多片裙，如图 2-1-7 所示。材料选用时，由于是宽松量较少的款式，所以最好采用结实有弹性的面料。

①拼片裙：用三角形或梯形拼接而成的裙子，与其他款式裙相比，立体感强，造型优美。可以自由设计裙子的裙片数：四片裙、六片裙、八片裙等。

②鱼尾裙：腰围线至臀围线位置比较合体，整体裙造型像美人鱼款式。可以自由设计鱼

尾裙裙片数：六片、八片裙等。

③螺旋裙：裁片呈螺旋状，造型像蜗牛壳一样呈螺旋状的裙子，整体造型像喇叭裙。

（5）褶裥裙：将布按折痕折起，重叠部分称为褶裥，如图 2–1–8 所示。材料选用时应注意褶裥是由面料折叠而形成，由于褶裥不易形成，故应采用定形性能好的涤纶等混纺面料。

①暗裥裙：又称阴裥裙。将面料对折处理，裥折痕隐藏在折起面料的内部，在前中心、后后中心裙摆处加入适当的运动活动量。

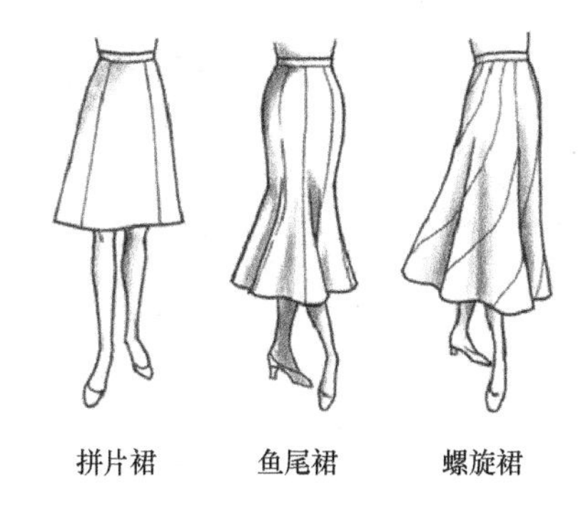

图 2–1–7　多片裙款式

②箱式暗裥裙：裙的形状呈箱型，两边有折痕，里侧拼接而成，裥在里面形成暗裥。

③顺裥裙：褶裥呈同一个方向倾倒，也称为顺风褶。

④伞裥裙：裙下摆褶裥张开后，造型与伞形状相同，褶幅上窄下宽。

图 2–1–8　褶裥裙款式

（6）直线造型裙：将长方形的面料经过在腰围处加入褶皱和省，使其符合腰围尺寸，然后安装腰头而成的裙子，可以根据面料形成不同的特色，也可以进行设计加入横向分割线等变化，如图 2–1–9 所示。材料选用时，由于整体用量较多，故采用轻薄有张力的面料较好，裙摆处可以设计一些装饰花边。

①碎褶裙：褶皱比较集中的裙子，如腰部褶皱裙。

②荷叶边裙：裙子下摆装饰花边，下摆呈荷叶形状的裙子。

③多节裙：又称蛋糕裙，将裙料横向分割成几段，在每段中加入适当碎褶，缝合而成的裙子，下摆处加入褶皱量较多，因此下摆造型宽松，形成喇叭裙的形状。

④活褶裙：褶裥的折痕柔软，自由折起形成的裙子，不需要熨烫处理。

（7）倒梯形裙：在腰部加入褶裥或褶皱，形成在臀围附近具有膨胀感造型的裙子，裙摆大小与紧身裙相同，为方便步行的活动量，需要做后开衩或侧开衩处理，如图 2–1–10 所

图 2-1-9　直线造型的裙子款式

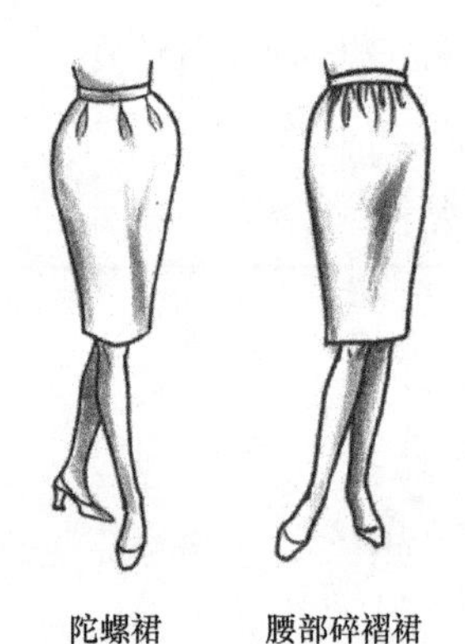

图 2-1-10　倒梯形裙款式

示。材料选用时，为了保持款式具有膨胀感，宜适合采用有弹性、有张力的面料，与筒裙面料大致相同。

①陀螺裙：款式造型类似陀螺，腰部膨胀，下摆处变细长的裙子，腰部可加入褶、裥、碎褶等。

②腰部碎褶裙：造型类似窄裙，腰围处加碎褶，略有膨胀。

（8）裙裤：像裤子一样具有裤筒的裙子款式，其造型有松量很少的紧身裤裙，又有喇叭裤裙、褶裥裤裙等，如图 2-1-11 所示。材料选用时，适合采用织造紧密、结实且具有弹性的面料。

短裤裙：有裤筒的裙款式，主要考虑其运动功能性，从运动时的穿着到日常生活的穿着，都比较广泛。

图 2-1-11　短裤裙

二、裙装基本型

裙子的基本造型结构是围拢臀部、腹部和下肢的筒状，主要由一个长度（裙长）和三个围度（腰围、臀围、摆围）构成。

1. **制图规格**　见表 2-1-1。

表2-1-1　裙装基本型规格表　　单位：cm

号 / 型	部位	裙长（L）	腰围（W）	臀围（H）	腰头
160/66A	规格	60	66+2（松量）	90+4（松量）	3

2. **制图方法及步骤**

（1）绘制基础线。

①作长方形，长为裙长 - 腰头宽，宽为 $H/2$，如图 2-1-12 所示。

②从后中线的顶点向下取腰长（18cm）作后中线的垂线，交于前中线为臀围线。

③取臀围线的中点垂直上交于腰辅助线，下交于裙摆线，该线为前后裙片的交界线。

（2）绘制轮廓线：

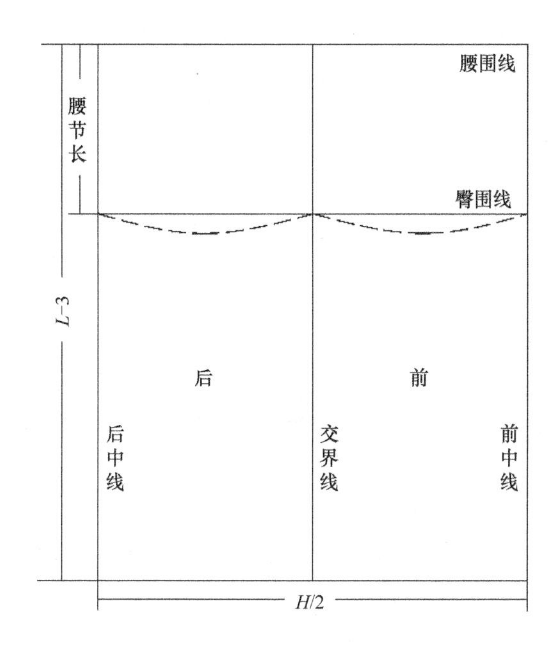

图 2-1-12　裙装基本纸样基础线

①如图 2-1-13 所示，前片从腰围线与前中心线的交点向交界线取 $W/4$，把剩余部分三等分，每份大小为○。后片从腰围线与后中心线的交点向交界线取 $W/4$，把剩余部分三等分。

②在前后裙片的交界线与臀围线交点上移 4cm，分别交于靠近腰辅助线中点的 1/3 等分点上，起翘 0.7cm 完成侧缝。

③从前翘点到腰辅助线上作下凹的曲线，即前腰围线。在后中心线顶点下移 1cm 为后裙

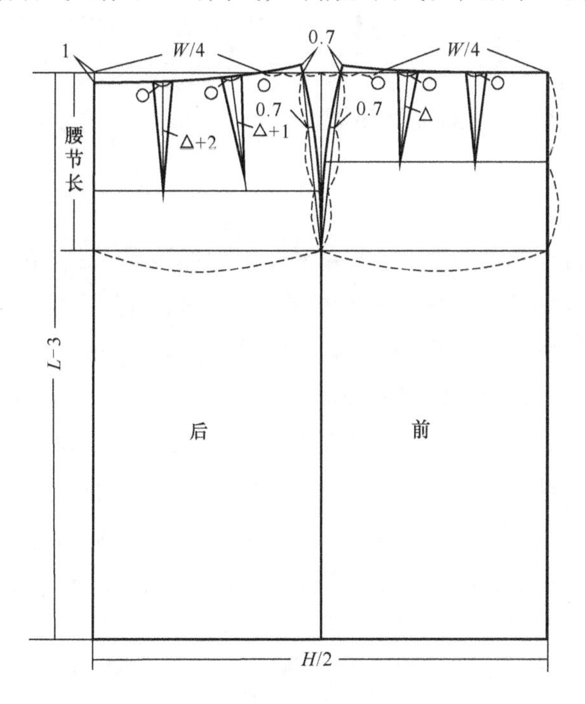

图 2-1-13　裙装基本纸样结构图

长顶点，以此点过腰辅助线第一个等分点，与后翘点用下凹曲线连接，即后腰围线。

④在前中心线上将腰节长两等分，等分线相交于侧缝线，即中臀围线。将前腰围线三等分，在等分点上作腰省，腰省垂直于前腰围线，省的大小为○，省长至中臀围线。靠近侧缝的省长为△。

⑤将后腰围线三等分，在等分点上作腰省，腰省垂直于前腰围线，省的大小为○，靠近后中心线的省长为△ +2cm，靠近侧缝的省长为△ +1cm。

第二节　裙装纸样设计原理

裙装款式变化繁多，造型万千，在裙装纸样设计中，可以通过省、分割、褶裥等结构来实现纸样艺术设计。裙装纸样设计的关键是如何巧妙地处理人体腰臀差量，另外，日常生活中下肢的运功，主要分为两个方面：一是合起双腿的运动（蹲下、坐下、盘腿）；二是打开双腿的运动（走、跑、上下台阶）。进行裙子结构设计时，需要考虑到运动产生的腰围和臀围的尺寸变化，步行时必需的下摆尺寸。

一、腰围

在裙装中，腰围是标准人体下部最小的围度，它的尺寸规格不受款式造型的影响，是裙装中围度规格变化最小的。腰围是裙装固定的部位，应有合适的加放舒适量。人体进餐、呼吸、运动时，腰围尺寸都会有所增加，从人体活动范围来看，增加最大的是人体席地而坐前屈 90° 时，增加量约为 3cm，呼吸及进餐则平均增加 1.5cm 左右。从生理学角度讲，人体腰部周长缩小 2cm 时，人体不会产生强烈的压迫感，因此裙装腰围加放舒适量取 0 ~ 2cm 即可。对于一些靠腰围固定的裙装，放松量取下限。

二、腰位

东方女性的体型特征：腹部隆起，臀部较平，后腰至臀部之间的斜度偏长且平坦，并在上部略有凹进。从侧面观察，腰臀之间呈 S 形，人体的这种形态使得腰际线前后不在一个水平截面上。一般侧臀高大于前臀高 1cm 左右，前臀高大于后臀高 1cm 左右。

裙子的腰位是以人体腰围线位置为准上下移动，是一种横向分割的设计。可以分为：低腰、无腰、正常腰、高腰四种类型。低腰位在人体腰围线以下，臀腰差减弱，收省处理不明显；无腰位在人体腰围线位置，可直接采用裙原型的腰围线，无须腰头。正常腰位在人体腰围线位置，直接采用裙原型的腰围线，装腰头。高腰位在人体腰围线以上，胸围线以下。腰围线以下收省量不改变，腰围线以上部分由于胸腰差减弱，腰部以上收省量适当减小。

三、臀围

臀围是标准人体下部最大围度。臀围放松量的大小会直接影响裙装的造型风格，对于一些宽松型的裙装，放松量可不做严格的规定。而对于合体的裙装，其臀围的加放就要考虑到人体的体型特征及它的一般活动变化范围。臀部运动有直立、坐下和跨步等动作，并影响围度的大小变化。人体坐地前屈 90° 时，臀围平均增加量最大，约为 4cm，即人体臀围的舒适量最少需要 4cm，因此臀围加放量最少为 4cm。

四、腰与臀

男女体型有一定差异，男性正面腰线以上发达，呈倒梯形，标准男子的臀腰差为 16cm 左右；女性正面腰线以下发达，呈正梯形，标准女子的臀腰差为 20cm 左右。腰、臀部的截面差异（图 2–2–1），两者在前中线至侧缝线部位差异不大，仅在数量上 HL 大于 WL，在后中线至侧缝线部位差异很大。臀腰差所造成余量的处理是下装结构设计的关键因素之一，一般通过收省、分割、褶裥等形式处理臀腰差。

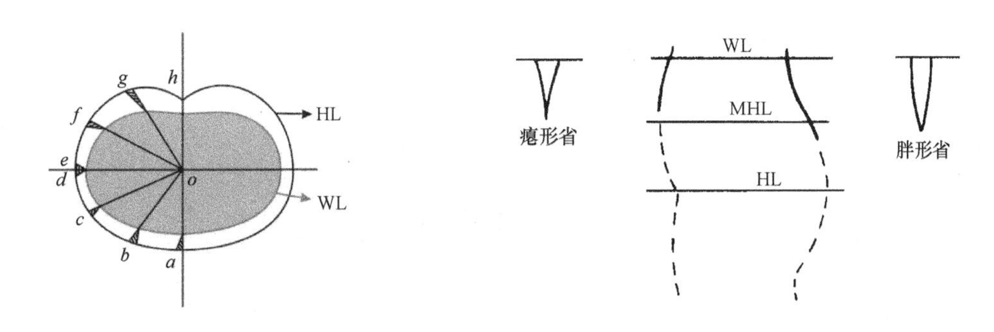

图 2–2–1 腰臀部横截面示意图

图 2–2–2 腰省的处理

人体腰、臀截面图上，将每一区间内的腰围三等分，并与 *o* 点相连。在每一等分区间内将腰、臀围长度分别比较，可以看出从前中线到后中线，它们的差分别是 *a*、*b*、*c*、*d*、*e*、*f*、*g*，这 7 个量在结构设计时一般作如下形式处理：

a——前裙（裤）片门襟撇去量；

b、*c*——前裙（裤）片省道量；

d、*e*——后裙（裤）片侧缝撇去量；

f、*g*——后裙（裤）片省道量。

设计腰省时，要考虑省道的大小、位置及省长。标准人体的臀突大于腹突，所以前后腰省量大小不一样，后省量大于前省量；标准人体的臀突点低于腹突点，所以前后的省长也不一样，后省长长于前省长。腹省，由于小腹平坦，一般取瘪形省（锥子省），省长不超过中臀围线；后省，根据腰臀差及腰臀部形态，一般胖形省（钉子省），省长在中臀围线与臀围线之间，如图 2–2–2 所示。

五、裙摆围

裙摆围的变化是裙装结构设计的重要因素之一，摆围的大小由款式造型而定。宽松型的

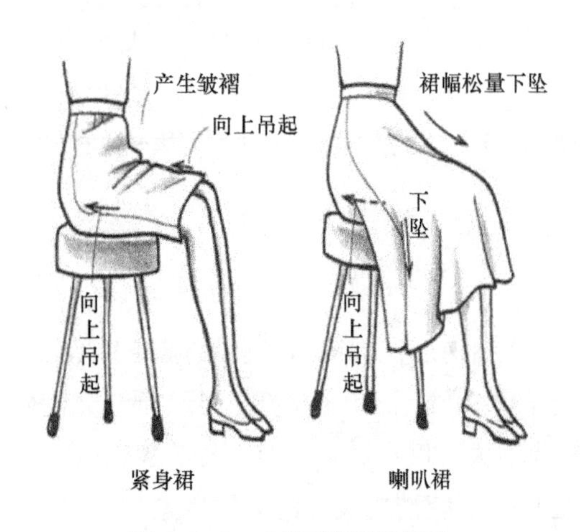

图 2-2-3　坐姿对裙子的影响

裙装的摆围可以呈 A 形、圆形甚至超过 360°。一般裙长越长，裙摆围尺寸越大。苗条型造型的裙子，不仅要考虑裙子的款式，还要考虑到人体的坐立、行走，运动等动作。裙长超过膝盖时，步行所需的裙摆量就变得不足，所以必须加入褶裥，或加入开衩等调节量来弥补，缝止点根据日常生活的动作，一般在膝关节以上 18 ~ 20cm 的位置比较适宜。

苗条式造型的裙子在坐下时，因为整体的松量较少，前面会向上吊起，而造成尺寸不足；与站立时相比，裙长缩短，如图 2-2-3 所示。臀围的松量多、裙摆变大的裙子，因裙子远离身体，当坐下时由于裙摆原因会使裙子变长，特别是迷你裙和长裙的裙长，在设计裙长时必须考虑这些因素。

第三节　裙装纸样艺术设计

一、分割裙

1. 育克侧开襟直身裙

（1）款式特点。装腰式直身长裙；前裙片为半育克，后裙片为弧形育克；在前裙片的侧面开襟，钉六粒明扣。此款款式端庄大方，适合上班一族穿着（图 2-3-1）。

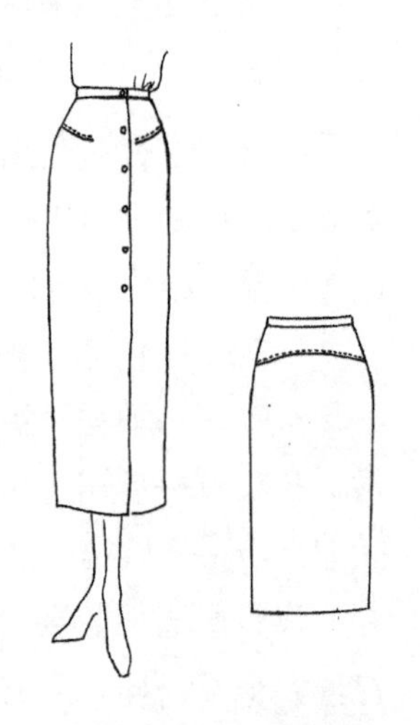
图 2-3-1　育克侧开襟直身裙款式图

（2）结构设计要点。

①前裙片为左右不对称结构，在侧面开襟，开襟部位设在前中腰省处，叠门宽 4cm，并标注纽扣位置。

②根据款式特点定出育克位置，前育克分割线上定出省尖，将腰省并合，省量转移至育克分割线中；合并后育克腰省，后裙片腰省省尖量转为吃势，通过工艺去掉余省量。

③裙长较长，侧缝处裙摆向内收 3cm。

（3）设定规格（表 2-3-1）。

表2-3-1　育克侧开襟直身裙规格表　　单位：cm

号 / 型	部位	裙长	腰围	臀围	腰头宽
160/66A	规格	86	68	94	3

（4）前、后裙片及腰头结构图（图 2–3–2）。

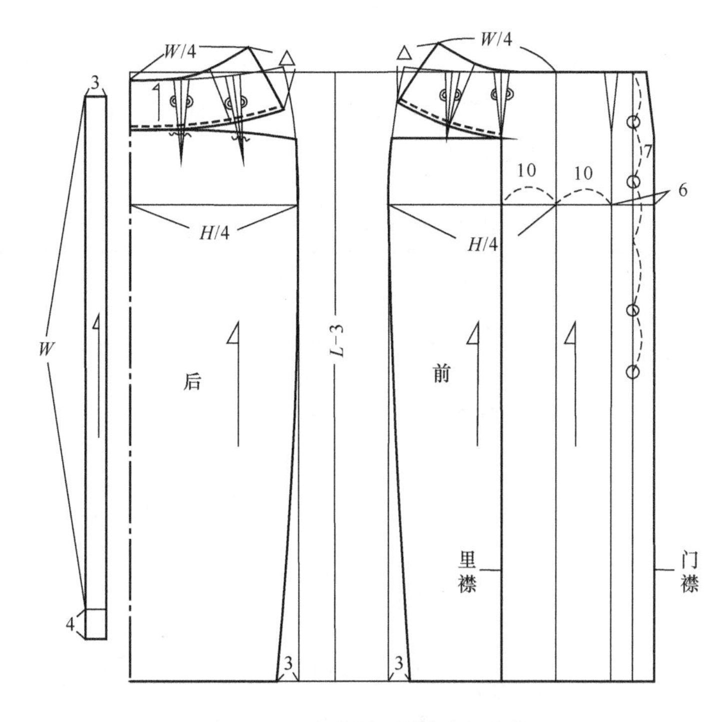

图 2–3–2 育克侧开襟直身裙结构图

2. 低腰插片裙

（1）款式特点。低腰 A 字型短裙；前、后片上部弧形育克分割，下部左右两侧及中间各有一条纵向分割线；裙下摆在分割线处插入异色或异质裁片，富有立体感；右侧缝上端装拉链（图 2–3–3）。

图 2–3–3 低腰插片裙款式图

（2）结构设计要点。

①确定裙长，腰围线向下取成品裙长 + 腰线下移 3cm。

②在裙原型图上根据款式特点做出育克线，将腰省合并，省量转移至分割线中。

③将裙按八片裙的结构确定分割线，下摆处插入三角形插片，呈喇叭状展开。

（3）设定规格（表 2-3-2）。

表2-3-2　低腰插片裙规格表　　单位：cm

号 / 型	部位	裙长	腰围	臀围	低腰量
160/66A	规格	52	68	94	3

（4）前、后裙片，育克及插片结构图（图 2-3-4）。

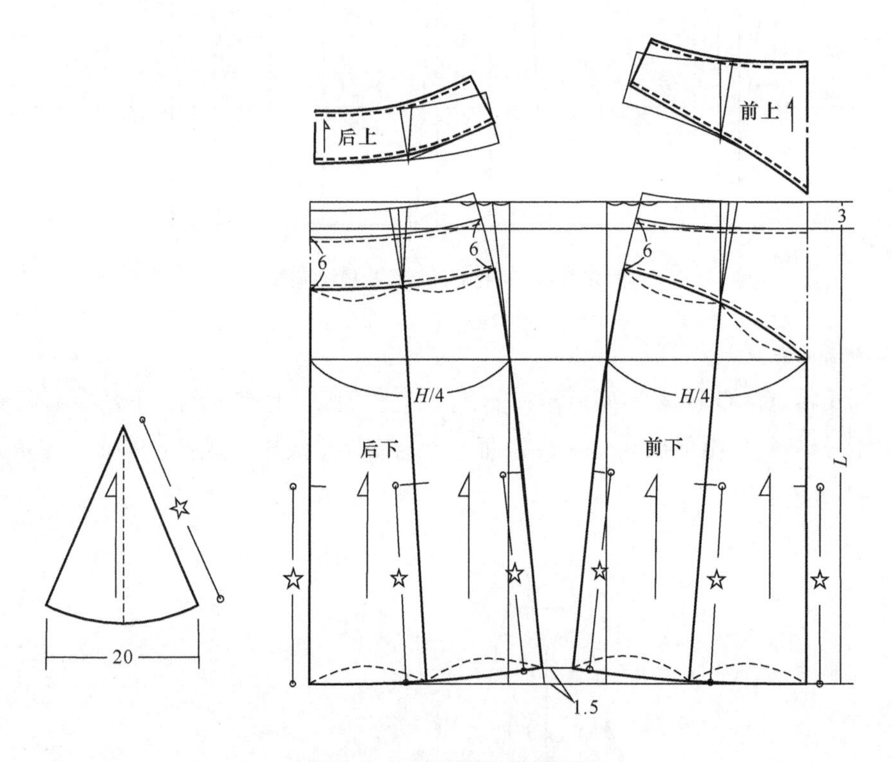

图 2-3-4　低腰插片裙结构图

3. 斜向分割无腰直身裙

（1）款式特点。直身式中长裙；无腰，在前中线处呈 V 型；前裙片为不对称斜向分割，后裙片中线处开襟装拉链，下端开衩。款式风格休闲中带优雅，适合年轻女性穿着（图 2-3-5）。

（2）结构设计要点。

①前裙片左右不对称，作前裙片整片图，根据款式确定分割线位置，腰口线要与上部三角形的边线连顺成弧线。

②在三角形的上方定出省尖位，将省分别合并，省量转移至裙侧分割线中。

③侧缝处裙摆向内收 2.5cm，为方便行走，后中开衩。

（3）设定规格（表 2-3-3）。

表2-3-3　斜向分割无腰直身裙规格表　　单位：cm

号 / 型	部位	裙长	腰围	臀围
160/66A	规格	70	68	94

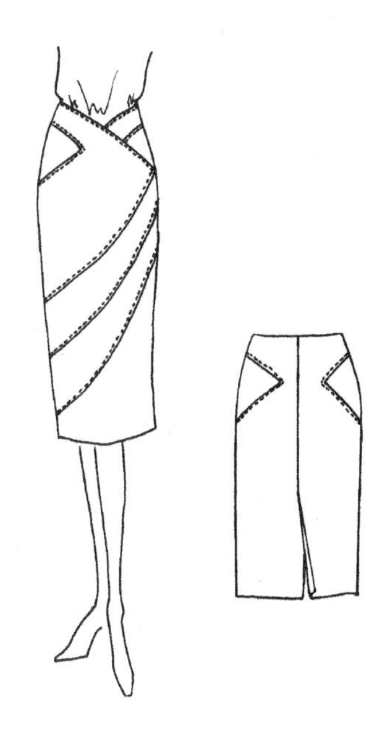

图 2-3-5　斜向分割无腰直身裙款式图

（4）前、后裙片结构图（图 2-3-6）。

4. **斜分割鱼尾裙**

（1）款式特点。装腰型中长裙，从腰到膝盖较为合体，膝盖以下展开像鱼尾的造型；前后裙片各有两条斜向弧形分割线，右侧上部一个横向腰省；腰省、分割线处均缉明线；右侧缝上端装拉链（图 2-3-7）。

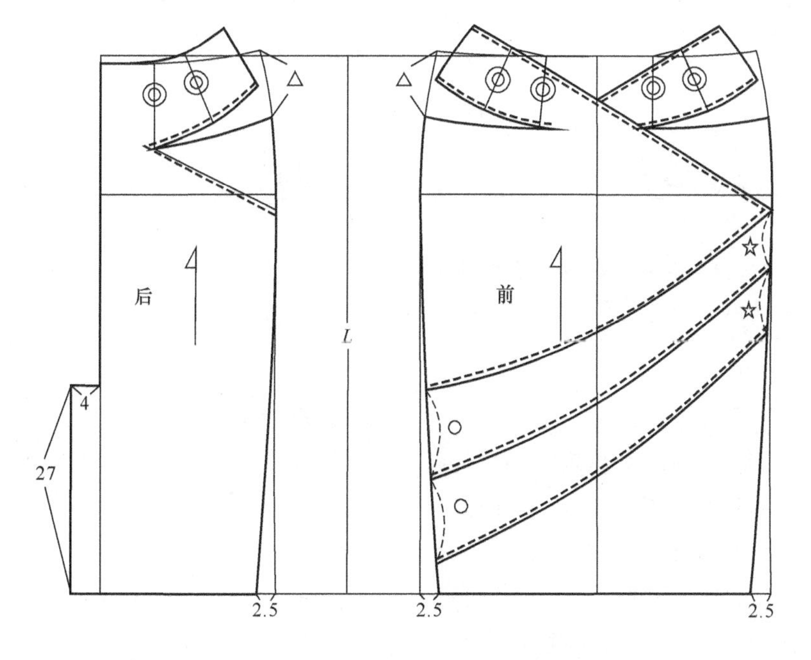

图 2-3-6　斜向分割无腰直身裙结构制图

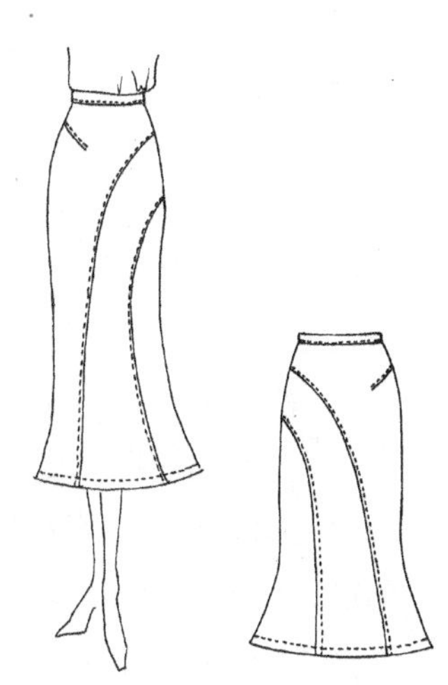

图 2-3-7　斜分割鱼尾裙款式

（2）结构设计要点。

①前后片均为左右不对称结构，用裙原型画出前、后裙片整片图。定出横腰省与分割线位置。

②右侧腰口省转为横腰省，裙摆侧缝及分割线处加入裙摆展开量，弧线连顺。

（3）设定规格（表 2-3-4）。

表2-3-4　斜分割鱼尾裙规格表　　单位：cm

号 / 型	部位	裙长	腰围	臀围	腰头宽
160/66A	规格	72	68	94	3

（4）前、后裙片及腰头结构图（图 2-3-8）。

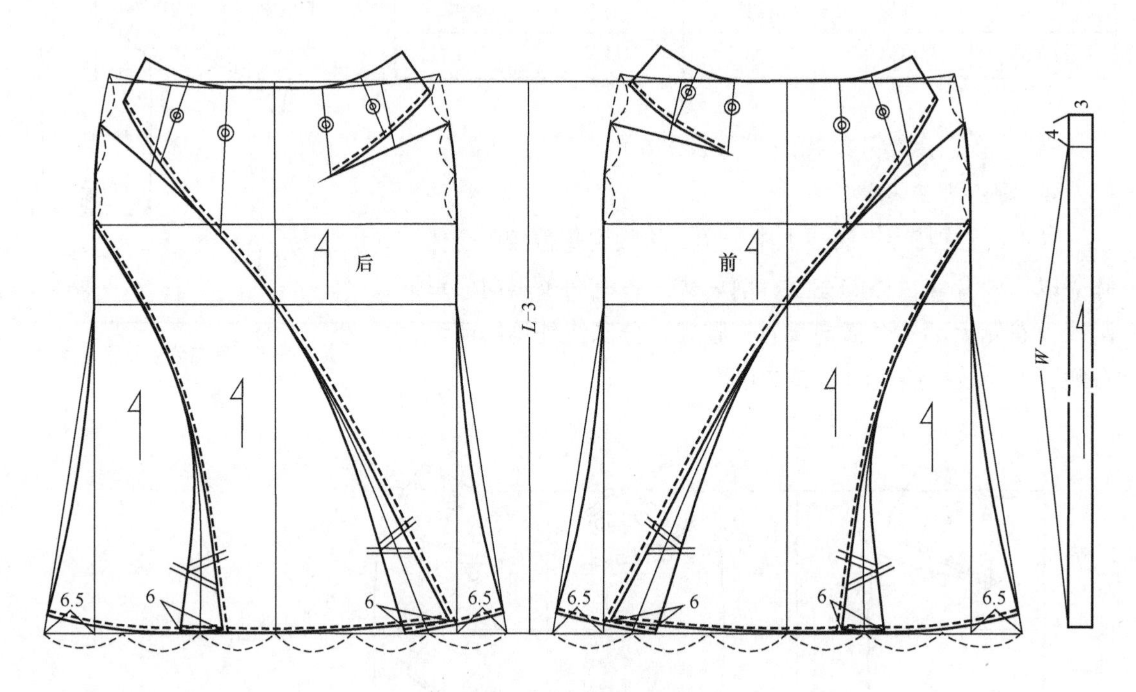

图 2-3-8　斜分割鱼尾裙结构图

二、褶裥裙

1. 陀螺裙

（1）款式特点。装腰型及膝褶裥裙；前裙片中线处收一道阴裥，左右两侧各有两个阴裥；后裙片左右各收两道阴裥，后中线处开襟装拉链，下端开衩（图 2-3-9）。

（2）结构设计要点。在筒裙基础上腰口省及中线处放入褶裥量，成上大下小的 V 型结构，最后画顺腰口线和底摆弧线。

（3）设定规格（表 2-3-5）。

表2-3-5　陀螺裙规格表　　单位：cm

号 / 型	部位	裙长	腰围	臀围	腰头宽
160/66A	规格	55	68	94	3

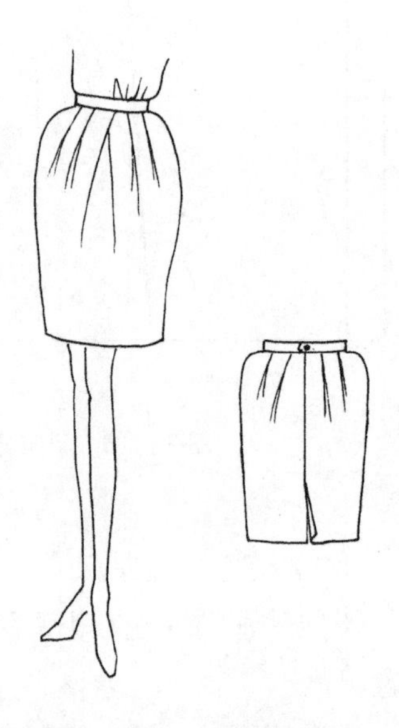

图 2-3-9　陀螺裙款式图

（4）前、后裙片结构图（图 2-3-10）及展开图（图 2-3-11）。

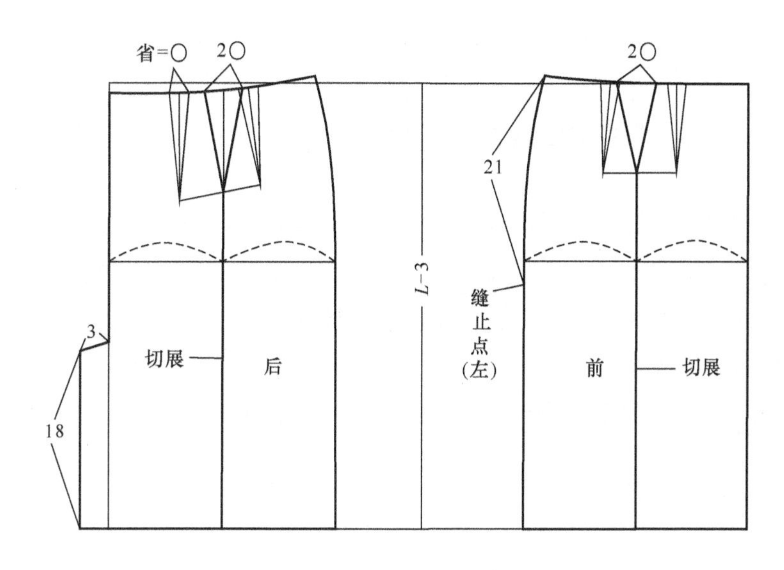

图 2-3-10　陀螺裙结构图

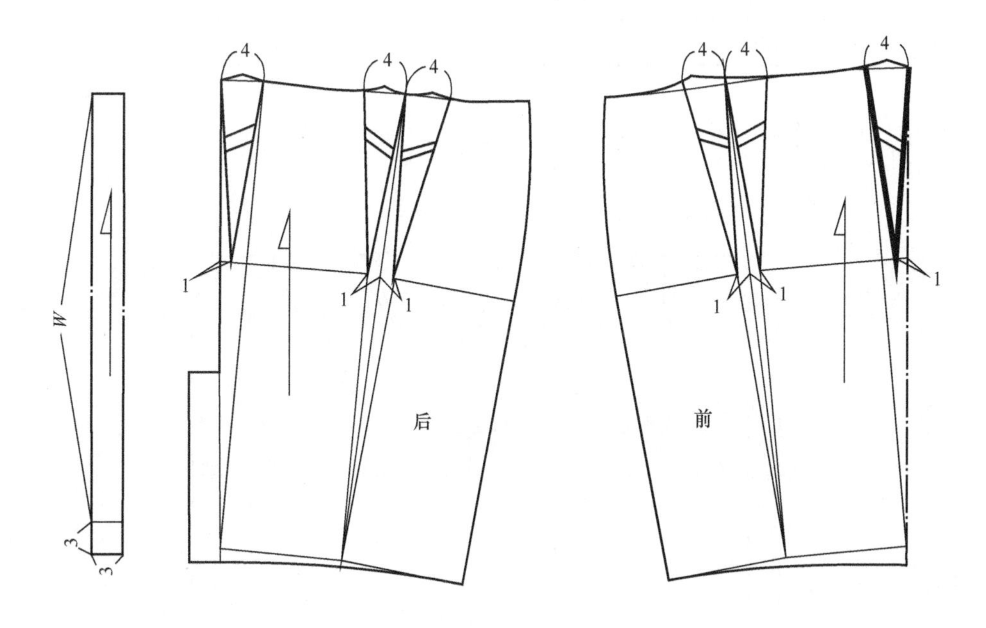

图 2-3-11　陀螺裙展开图

2. **袋鼠裙**

（1）款式特点。装腰型及膝塔克褶变形裙；前中心线分割，两侧为塔克褶变形，形成袋鼠褶，不加熨烫定型，利用活褶结构使其自然形成，下摆成紧身型。后中线处开襟装拉链（图 2-3-12）。

（2）结构设计要点。

①将前后裙片侧缝对齐，根据袋鼠裙款式确定腰部及侧缝的弧线位置，将裙原型的省量转入分割线中。

②固定前后侧缝线的下端点，分别把前后基本纸样向两边倒伏，中间形成的锥形缺口决定袋鼠褶的厚度。锥形的张角越大，褶的厚度就越大。

③把前后片所分割虚构的两个曲面转移，使靠外边两个曲面的侧缝线移成一条水平线，并确定该线中点，再把第二个曲面移至外侧曲面和主体裙片之间，各曲面与主体裙片形成的张角构成袋鼠褶的深度。

④修顺裙摆、腰线，确定后开口、后开衩，前后中心线拼缝。

（3）设定规格（表 2-3-6）。

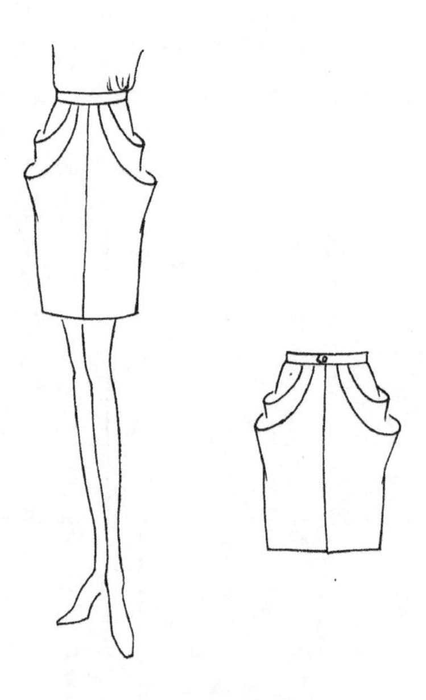

图 2-3-12　袋鼠裙款式图

表2-3-6　袋鼠裙规格表　　单位：cm

号 / 型	部位	裙长	腰围	臀围	腰头宽
160/66A	规格	52	68	94	3

（4）前、后裙片结构图（图 2-3-13）及展开图（图 2-3-14）。

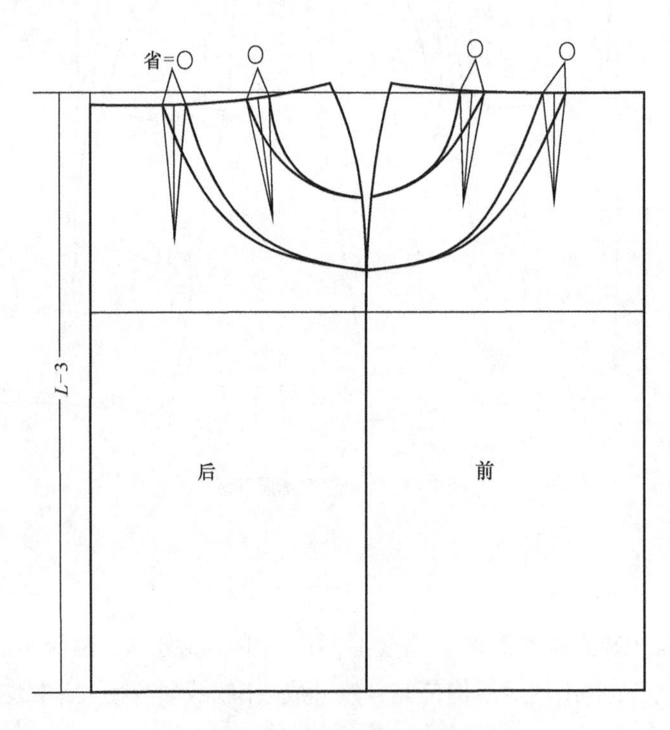

图 2-3-13　袋鼠裙结构图

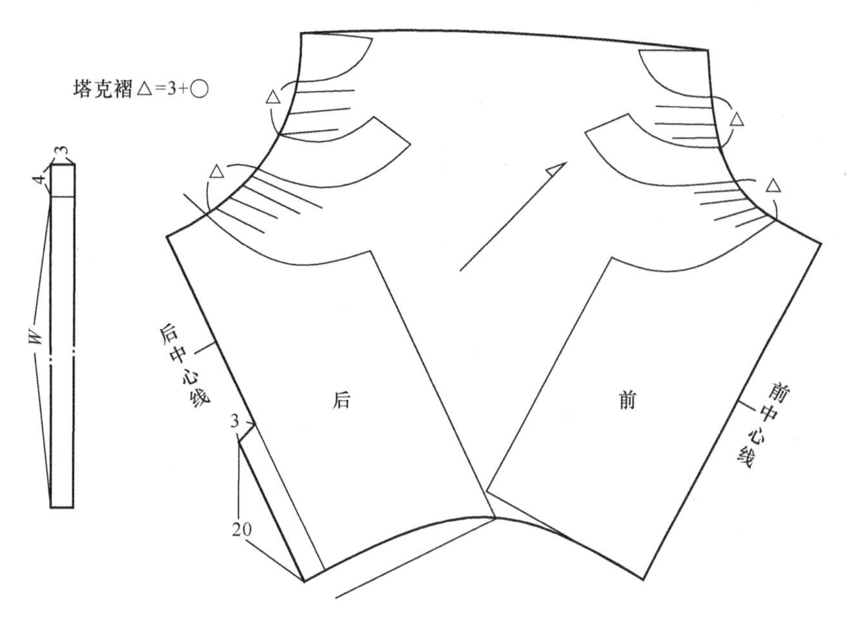

图 2-3-14　袋鼠裙展开图

三、组合裙

1. 高腰荷叶边摆裙

（1）款式特点。连腰型高腰荷叶边下摆齐膝裙；腰部和衣片连裁，采用腰贴工艺；下摆呈花苞状展开，并连接荷叶边；前片分割线偏移前中心线，后片中心无分割线；腰部前分割线及下摆拼接处均缉明线，侧缝处装拉链（图 2-3-15）。

图 2-3-15　高腰荷叶边摆裙款式图

（2）结构设计要点。

①腰线上抬 6cm，确定前、后省道的位置，将裙原型的两个省量转化为一个省。

②前片为不对称设计，根据款式图，右前片至少覆盖住左前片省的位置，下摆为弧形。后中心无分割线，根据款式图确定下摆弧线。

③下摆为一整片，均匀展开放入一定褶量，形成波浪效果。

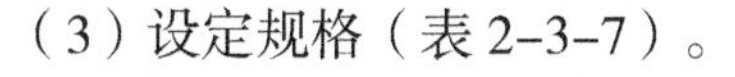

（3）设定规格（表 2-3-7）。

表2-3-7　高腰荷叶边摆裙规格表　　单位：cm

号 / 型	部位	裙长	腰围	臀围	腰头宽
160/66A	规格	55	68	94	6

（4）结构图（图 2-3-16）。

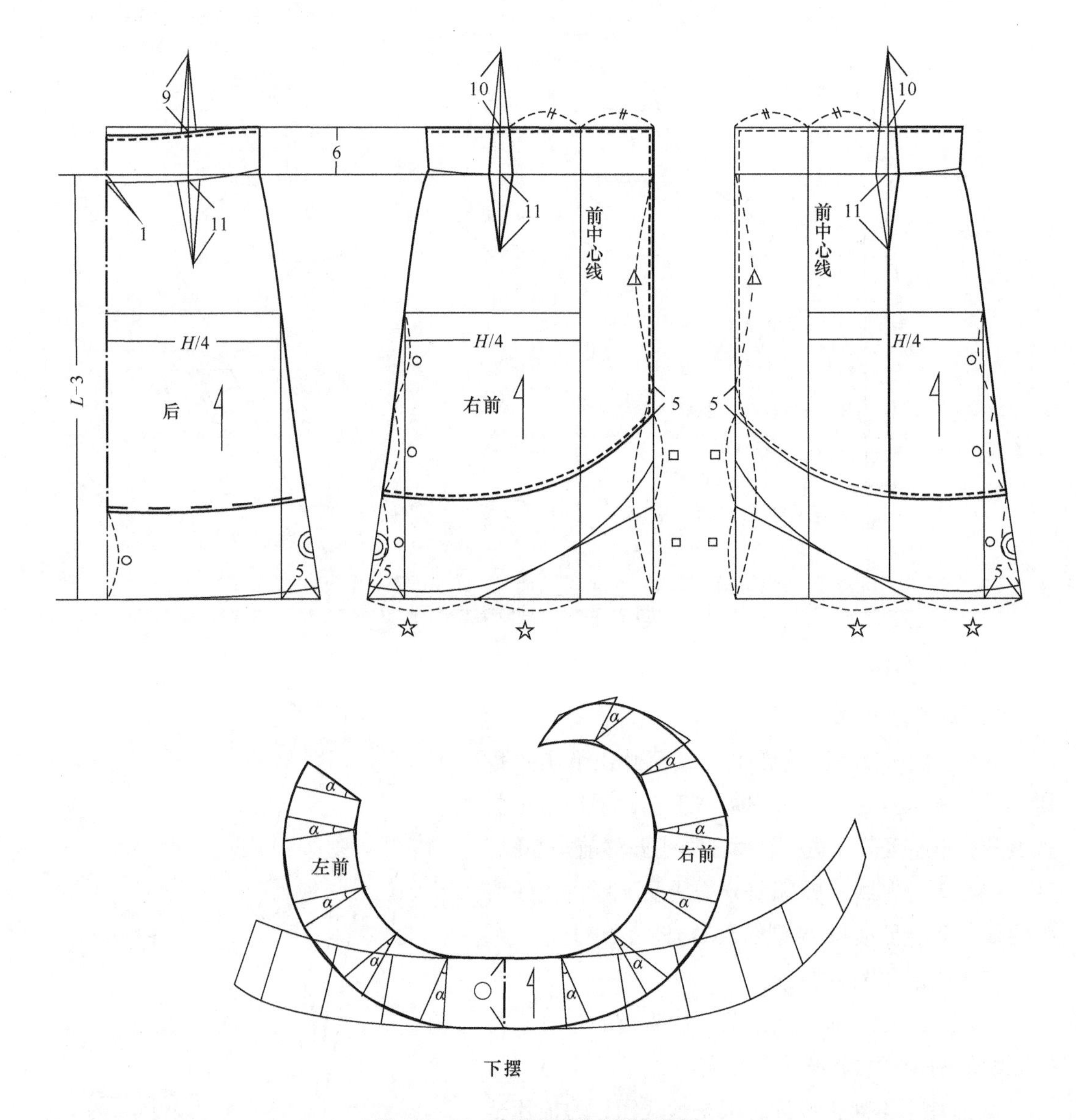

图 2-3-16　高腰荷叶边摆裙结构图

2. 弧形分割褶裥裙

（1）款式特点。弧形分割和褶裥组合裙中长裙，装腰，两侧的髋部为弧线分割，侧面呈拱形，拱门缉明线；后中线处分割，上部装拉链；两侧分别为 7 个倒向后身的顺褶。造型时尚，立体感较强（图 2-3-17）。

（2）结构设计要点。

①裙原型的基本纸样的侧缝合并，将前后片各一腰省转移至裙摆，另一省移至侧缝，修顺腰线及侧缝。

②根据款式图，在腰臀直接作弧线分割成拱形。将作褶的部分沿臀围线均匀的分割，并确定褶的位置；然后用薄纸，按设定的暗褶裥尺寸折叠成型，覆在作褶部分，描线、剪掉、打开，呈现的就是准确的纸样，如图 2-3-18 所示。

图 2-3-17 弧形分割褶裥裙款式图

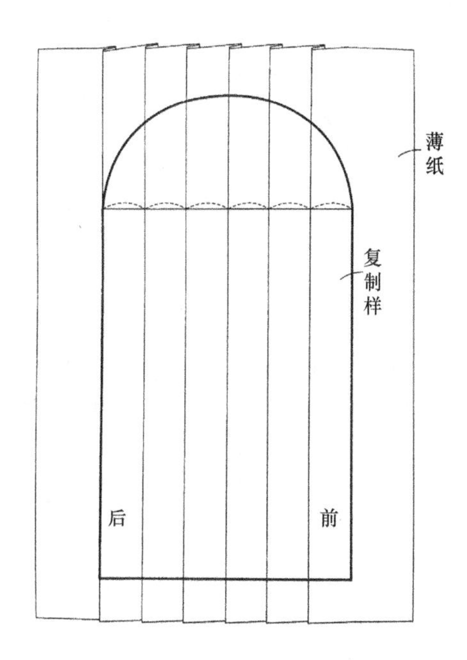

图 2-3-18 弧形分割与褶裥组合的纸样处理方法

（3）设定规格（表 2-3-8）。

表2-3-8 弧形分割褶裥裙规格表 单位：cm

号 / 型	部位	裙长	腰围	臀围	腰头宽
160/66A	规格	76	68	94	3

（4）裙片结构图（图 2-3-19）及展开图（图 2-3-20）。

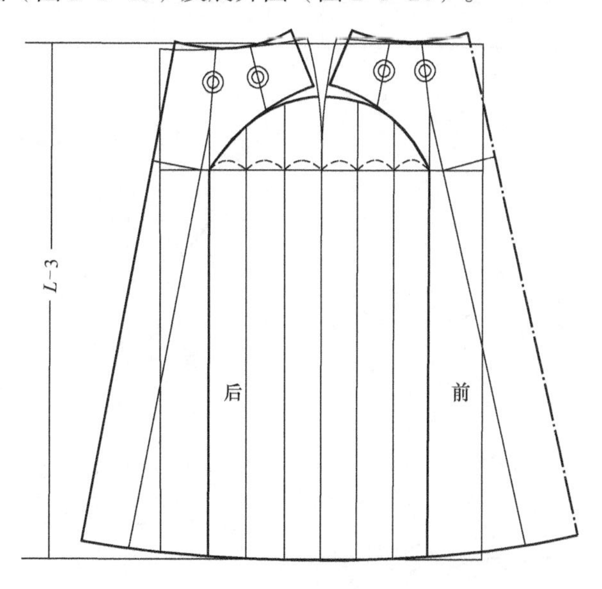

图 2-3-19 弧形分割褶裥裙结构图

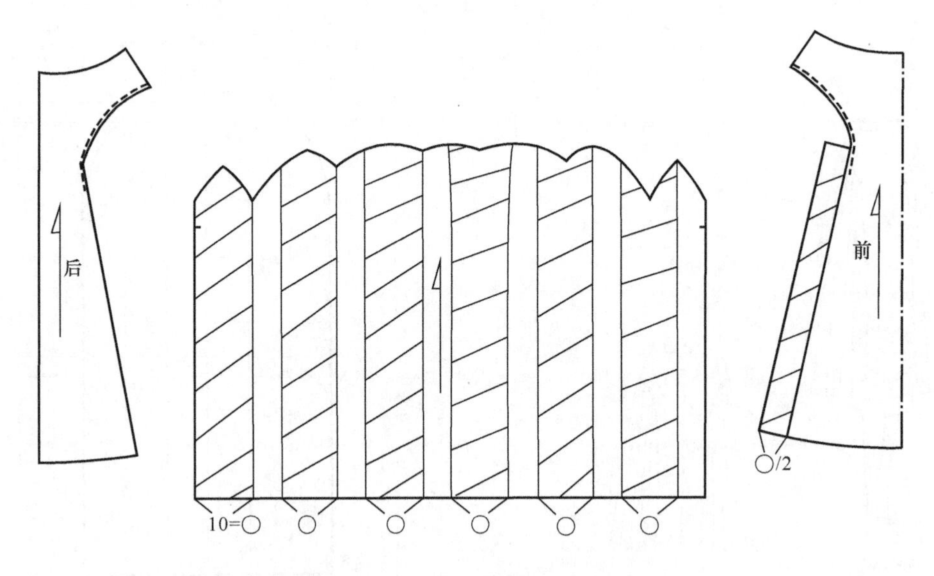

图 2-3-20　弧形分割褶裥裙展开图

3. 弧形分割碎褶裙

（1）款式特点。两侧的髋部为弧线分割，侧面呈拱形，拱门缉明线；后中线处分割，上部装拉链；两侧分别抽碎褶（图 2-3-21）。

（2）结构设计要点。根据款式图，在腰臀直接作弧线分割成拱形，根据款式特点，将拱形平行拉伸，放入碎褶量，画顺线条。

（3）设定规格（表 2-3-9）。

表2-3-9　弧形分割碎褶裙规格表　　单位：cm

号 / 型	部位	裙长	腰围	臀围	腰头宽
160/66A	规格	76	68	94	3

（4）结构图（图 2-3-22）。

图 2-3-21　弧形分割碎褶裙款式图

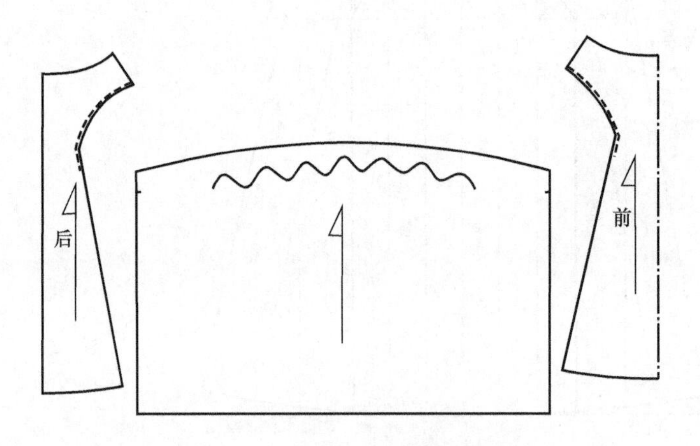

图 2-3-22　弧形分割碎褶裙结构图

4. 前开襟育克斜裙

（1）款式特点。

款式大方、简洁；前后片育克弧形分割，前中半开襟，合体款式；裙长过膝，装腰，斜裙下摆，宜选择垂感较好、柔软的面料（图 2–3–23）。

（2）结构设计要点。

①根据款式确定育克分割线，将两个腰省转移至育克，臀腰处贴体结构。

②前门襟宽为 2cm，三粒扣，确定纽扣位置。

③裙片为斜裙的结构设计，通过省尖点画垂线至裙摆，下摆处剪开放 5cm，在侧缝处追加切展量 5cm。

（3）设定规格（表 2–3–10）。

图 2–3–23　前开襟育克斜裙款式图

表2–3–10　前开襟育克斜裙规格表　　单位：cm

号 / 型	部位	裙长	腰围	臀围	腰头宽
160/66A	规格	76	68	94	3

（4）裙子基本结构图（图 2–3–24）及展开图（图 2–3–25）。

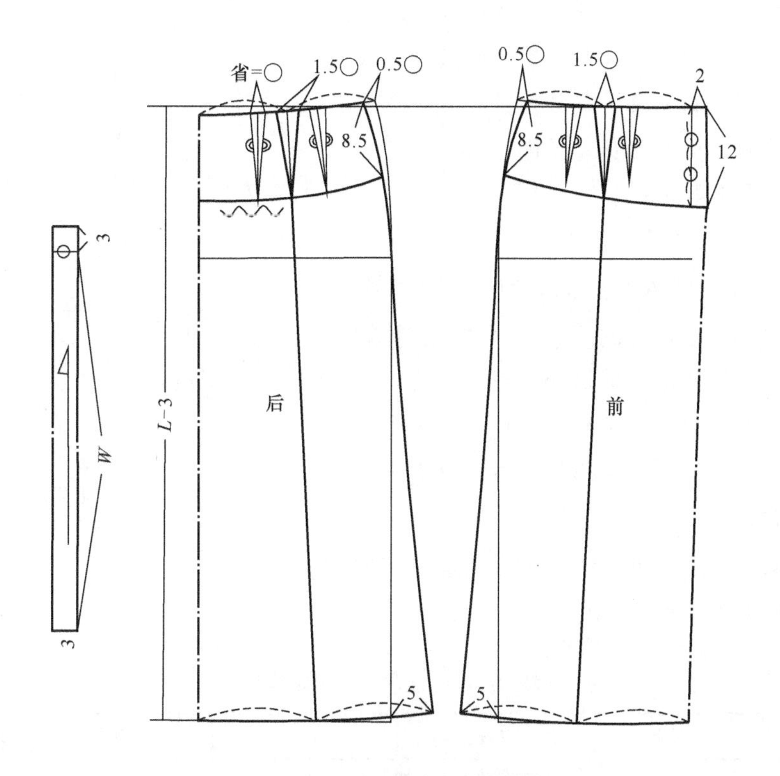

图 2–3–24　前开襟育克斜裙结构图

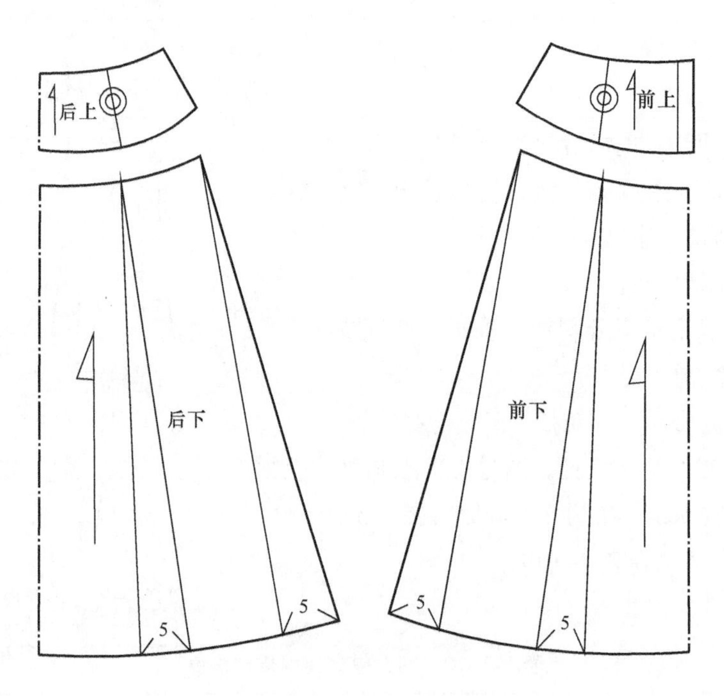

图 2-3-25　前开襟育克斜裙展开图

5. 低腰波浪裙

（1）款式特点。低腰不对称斜向分割式波浪裙中长款，无腰结构，前后片上部设一条斜向弧形分割线，分割线下展宽裙片，裙片下部呈自然波浪，腰口和分割线处缉明线，右侧缝上端装拉链。此款款式时尚大方，适合各年龄层女性穿着（图 2-3-26）。

图 2-3-26　低腰波浪裙款式图

（2）结构设计要点。

①低腰设计，比裙原型腰线低 2cm。

②根据款式确定不对称斜向育克分割线，由于前、后分割线分别靠近左片的两腰省，远离右片的两腰省，故将省尖竖直向下延伸至分割线，再分别将前后腰省转移至育克。前、后裙片的左片育克多余的量通过缩缝的方式消除，前、后裙片的右片育克多余的量在侧缝处消除。

③裙片为斜裙的结构设计，下摆处均匀剪开放量。

（3）设定规格（表 2-3-11）。

表2-3-11　低腰波浪裙规格表　　单位：cm

号 / 型	部位	裙长	腰围	臀围	低腰量
160/66A	规格	76	68	94	2

（4）裙子结构图（图 2-3-27）及展开图（图 2-3-28）。

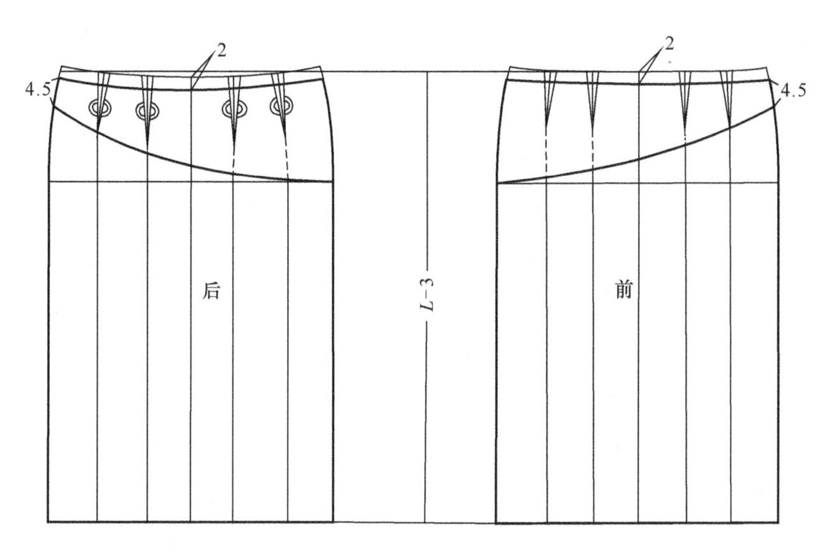

图 2-3-27 低腰波浪裙结构图

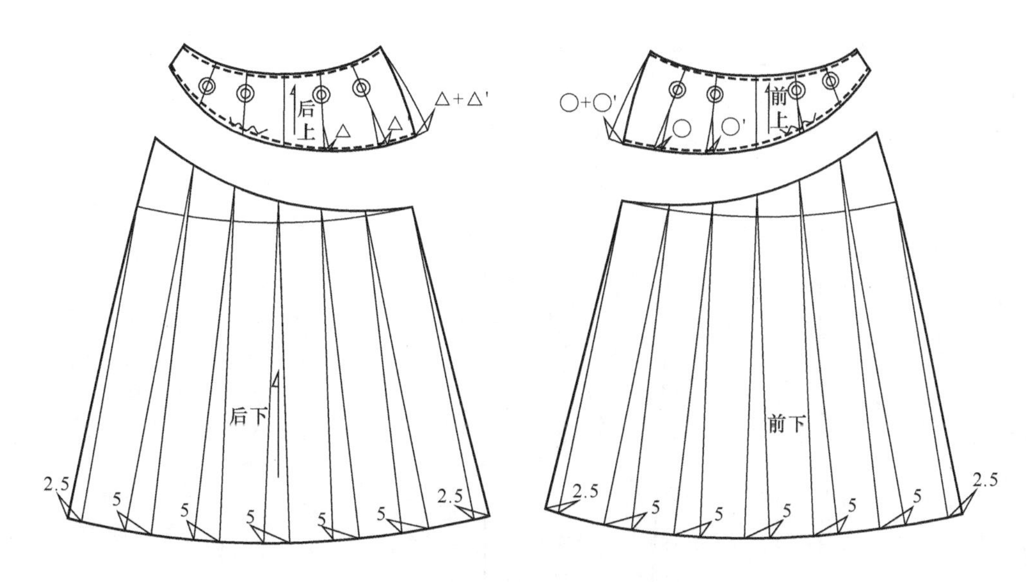

图 2-3-28 低腰波浪裙展开图

6. **辐射褶裙**

（1）款式特点。装腰及膝裙，直筒裙造型；前裙片为弧形收省，连出辐射状褶裥；后裙片左右各收两个省，后裙片中心线处开襟装拉链，下端开短衩。此款款式别具一格，穿着场合广泛（图 2-3-29）。

（2）结构设计要点。

①根据款式，将前裙片靠近前中心线的腰省变成弧形分割，并均匀设计辐射状褶裥位置；将靠近侧缝的腰省转移至育克。

②将辐射状褶裥切展开，分别放入 6.5cm 和 9cm 的褶裥量。

③裙子是筒裙结构，下摆侧缝往里收2.5cm，弧形画顺侧缝线。

（3）设定规格（表2-3-12）。

表2-3-12　辐射褶裙规格表　　单位：cm

号/型	部位	裙长	腰围	臀围	腰头宽
160/66A	规格	66	68	94	3

（4）裙子基本结构图（图2-3-30）及前裙片展开图（图2-3-31）。

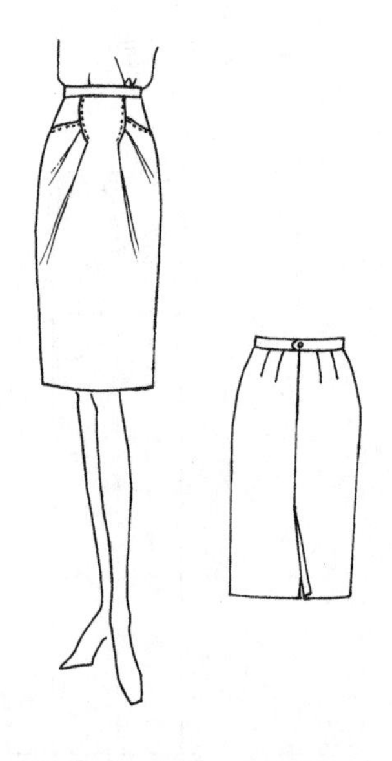

图2-3-29　辐射褶裙款式图

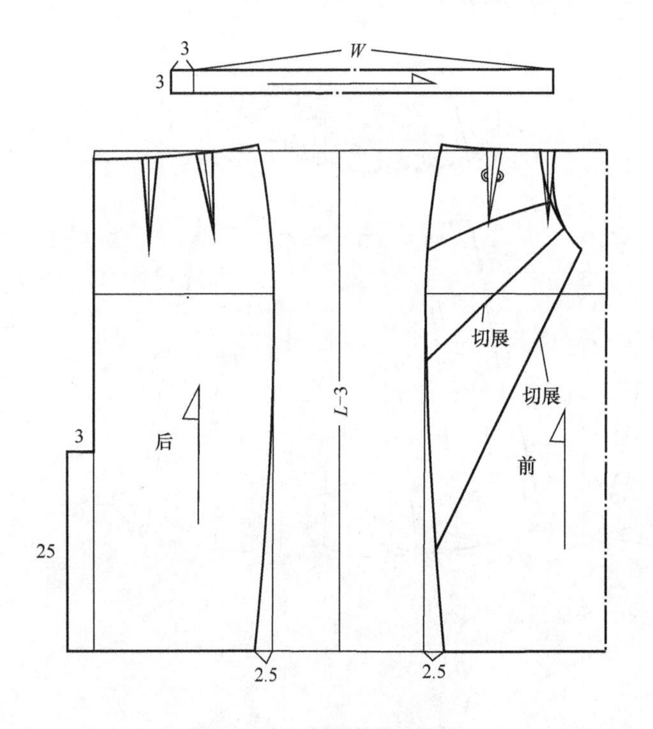

图2-3-30　辐射褶裙结构图

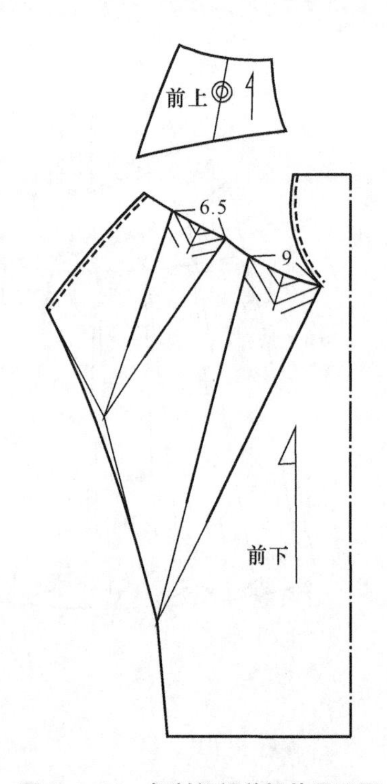

图2-3-31　辐射褶裙前裙片展开图

7. 弧形褶裙

（1）款式特点。装腰中长裙，前后裙片作竖向六片式分割；前裙片下方为不对称的弧形褶裥，侧缝处开襟装拉链。款式风格知性优雅，适合成熟女性穿着（图2-3-32）。

（2）结构设计要点。

①根据款式图，分别将裙原型前、后片两省合并为一省。

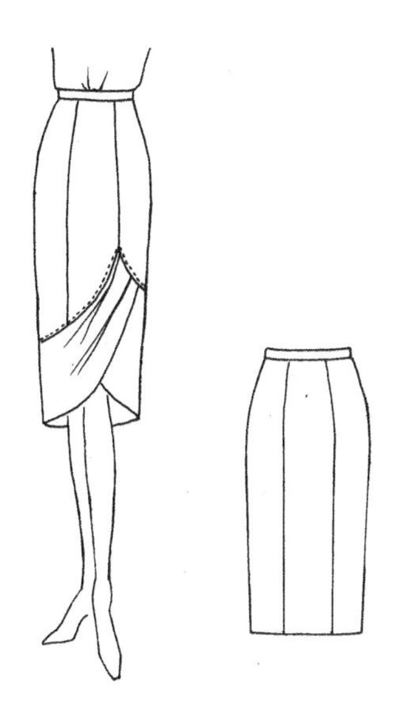

图 2-3-32　弧形褶裙款式图

②裙子为筒裙结构，底摆侧缝收 2.5cm。

③腰省尖垂直向下作纵向分割，左前片分割线至臀围线下 12cm，然后分别向两侧缝离底边 20cm 和 30cm 处做弧形分割。右前片竖直分割至弧形分割线，并连接左前片的下摆。根据款式设计前片下摆的形状及褶裥的位置。

④将前片褶裥分别切展开，辐射放入 8.5cm 的褶裥量。

⑤后片的腰省尖垂直向下作纵向分割线。

（3）设定规格（表 2-3-13）。

表2-3-13　弧形褶裙规格表　　单位：cm

号 / 型	部位	裙长	腰围	臀围	腰头宽
160/66A	规格	70	68	94	3

（4）结构图（图 2-3-33）。

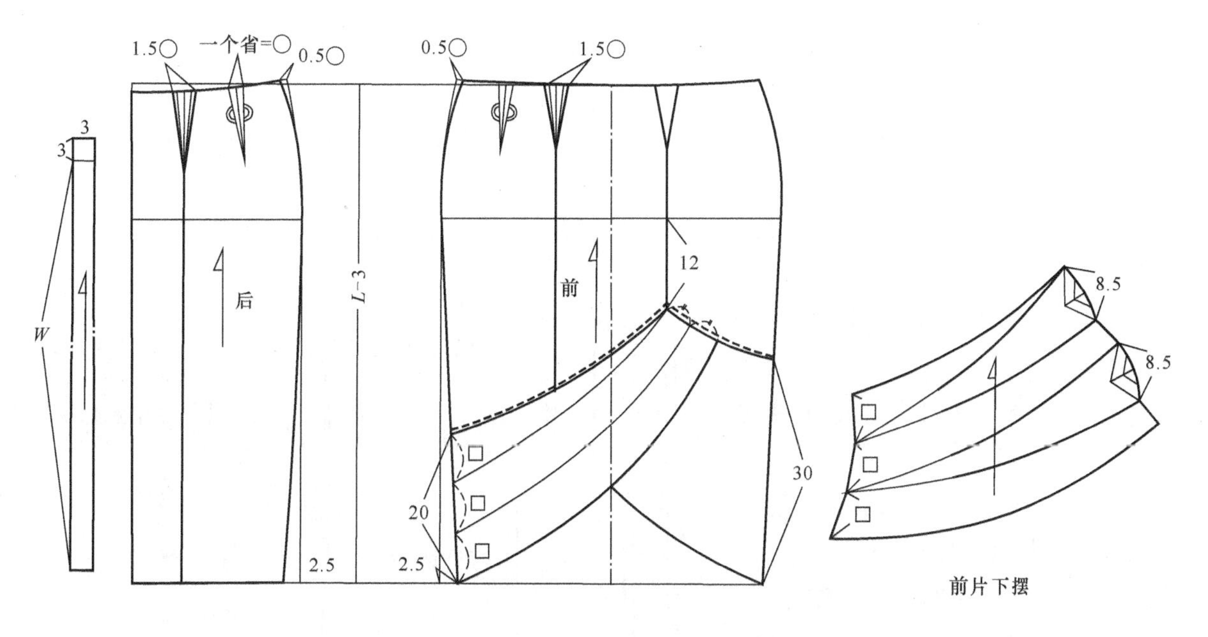

图 2-3-33　弧形褶裙结构图

思考练习题

1．裙装可按哪几种形式分类？

2．裙装如何解决臀腰差的问题？

3．基本裙结构中，腰省如何设置？有何原理？

4．裙摆设计不受限制，对吗？为什么？

5．选择本章的裙款进行结构制图与纸样制作，制图比例分别为 1 ∶ 1 和 1 ∶ 5。

6．收集整理时尚流行裙款，选择 3 ～ 5 款进行结构制图与纸样制作。

第三章　裤装纸样设计

第一节　裤装基本纸样

一、裤装分类

裤子的种类很多，分类方法也各有不同，一般有以下几种分类。

1. 按裤装臀围的宽松量进行分类

（1）贴体裤：臀部贴体，束腰较低，一般为无褶结构，臀部造型平整而丰满，上裆较短，无挺缝线，裤装臀围的松量≤ 6cm。

（2）合体裤：臀部较合体，前后裤身有烫折线，裤口较中裆小，裤装臀围的松量为 6 ~ 12cm。

（3）较宽松裤：臀部较宽松，前裤身有褶裥，多放在烫折线置口袋的一侧，上裆较长，裤装臀围的松量为 12 ~ 18cm。

（4）宽松裤：臀部宽松，前后裤身有多个褶裥，上裆较长，脚口宽松，裤装臀围松量为 18cm 以上。

2. 按裤装的长度进行分类（图 3-1-1）

（1）游泳短裤：三角裤，裤长至大转子上部。

（2）运动短裤：或称热裤、超短裤，裤长至大腿根部。

（3）短裤：裤长至大腿中部。

（4）中短裤：或称中裤，裤长至膝盖上部。

（5）中长裤：又称七分裤，裤长至小腿。

（6）三股裤：裤长至小腿中段以下。

（7）长裤：裤长至脚踝以下，为鞋跟的中部或地面向上 2 ~ 3cm。

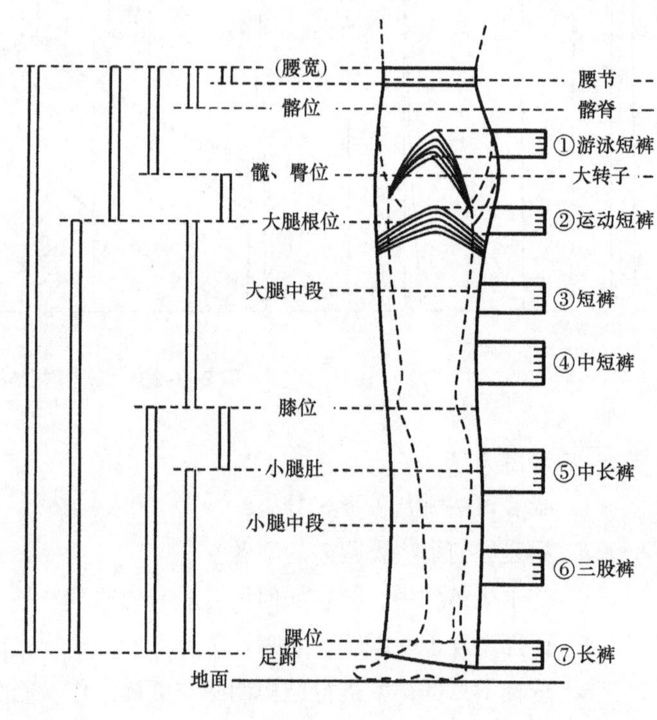

图 3-1-1　以裤长分类

3. **按裤装的廓形进行分类**　可分为长方形（筒形裤）、倒梯形（锥形裤）、梯形（喇叭裤）、菱形（马裤）四种。

（1）长方形（筒形裤）：筒形裤的臀部比较合体，裤筒呈直筒形。

（2）倒梯形（锥形裤）：锥形裤在造型上强调臀部、缩小裤口宽度，形成上宽下窄的倒梯形。

（3）梯形（喇叭裤）：喇叭裤在造型上收紧臀部，加大裤口宽度，形成上窄下宽的梯形。

（4）菱形（马裤）：传统马裤的裤裆及大腿部位非常宽松，而在膝下及裤腿处逐步收紧，形成上下窄小中间宽大的菱形。

4. **按裤口量大小进行分类**

（1）瘦脚裤：裤口量≤ 0.2H–3cm，中裆量大于裤口量，对于最小脚口，紧裤口需按所测量的脚围尺寸绘制。

（2）直筒裤：裤口量 =0.2H ~ 0.2H+5cm，中裆量与裤口量基本相等。

（3）裙裤：裤口量≥ 0.2H+10cm，裤子的中裆线与上裆线重合。

二、裤子基本型

1. **设定规格**　见表 3–1–1。

表3–1–1　裤子基本型规格表　单位：cm

号型	部位	裤长（L）	腰围（W）	臀围（H）	上裆	裤口
160/66A	尺寸	98	68	100	29	22

2. **制图方法及步骤**

（1）绘制基础辅助线。

①侧缝线：直线①为前、后侧缝线，如图 3–1–2 所示。

②上平线：垂直前后侧缝直线①，是前、后裤片的腰缝线。

③下平线：平行于上平线，是前、后裤片的脚口线，② ~ ③间距是裤长 – 腰宽（3.5cm）。

④横裆线：由上平线②向下量取上裆长 – 腰宽（3.5cm）作平行于上平线②的直线。

⑤臀围线：由上平线向下量取 2/3（上裆长 – 腰宽）作平行于上平线②的直线。

⑥中裆线：由臀围线⑤与下平线③的中点上移 4cm 作平行于横裆线④的直线。

⑦臀宽线：在臀围线⑤上取前臀宽 H/4–1cm，后臀宽 H/4+1cm，作平行于侧缝线①的直线。

⑧裆宽线：前裆宽 0.45H/10，后裆宽 1.05H/10，由臀宽线⑦与横裆线④交点起沿横裆线④向左量。

⑨烫迹线：在横裆宽 1/2 点作平行于前侧缝线①的直线。

⑩裤口宽：前裤口取裤口尺寸 –2cm，后裤口取裤口尺寸 +2cm，以挺缝线为中心两边均分取点。

⑪中裆宽：前中裆由小裆宽与裤口内侧点作直线交⑥中裆线点，由该点向内量取 0.5cm 取点，再以前挺缝线为中心两边均分取点；后中裆宽以裤挺缝线为中心，按前裤中裆大尺寸两边各加 2cm。

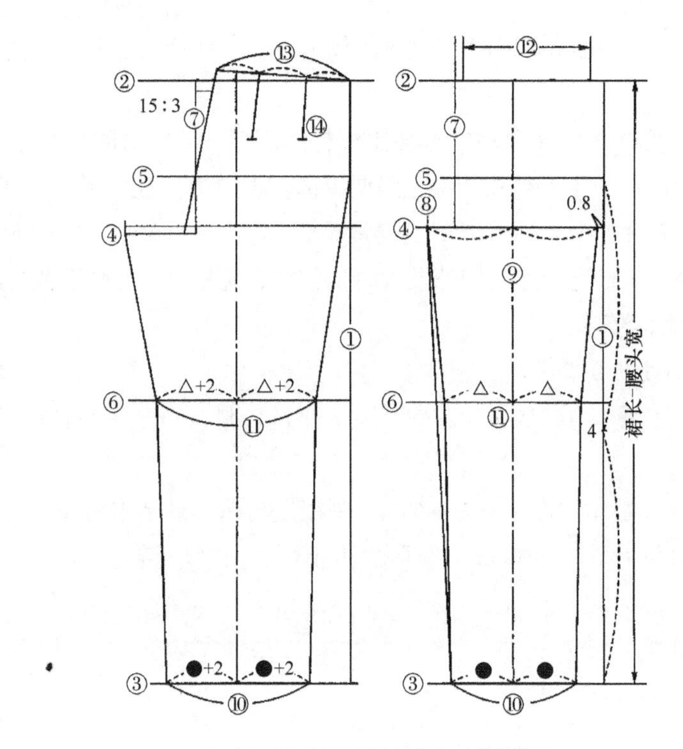

图 3-1-2　裤子基本型基础辅助线图

（2）绘制轮廓线：见图 3-1-3，注意线条圆顺，轮廓分明。

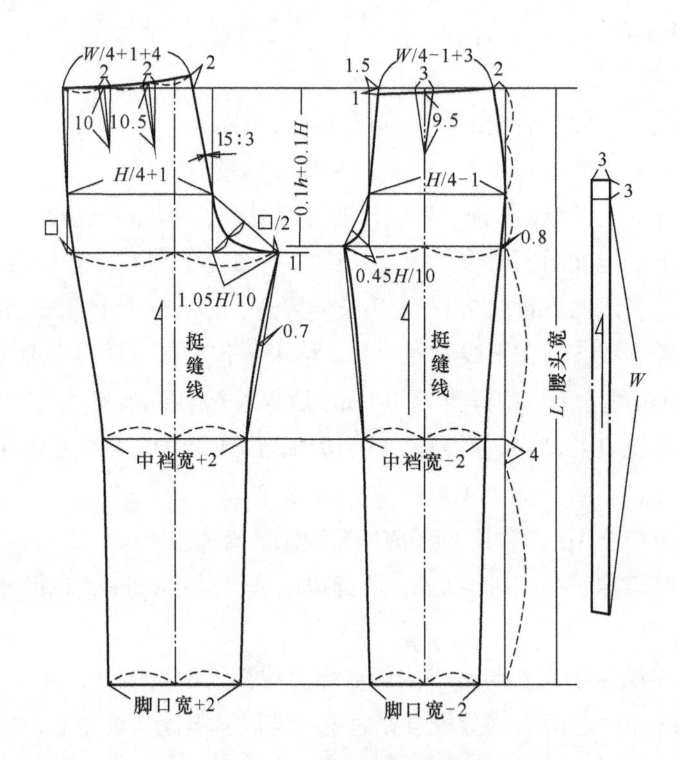

图 3-1-3　裤子基本型结构图

第二节　裤装纸样设计原理

一、裤装结构概述

裤子是包覆人体臀、腹并区分两腿的基本着装形式。它与裙子最大的区别在于裤子有裤长、上裆、下裆，从围度上讲有腰围、臀围、横裆、中裆、裤口等。

1. 裤子围度构成的基本因素

日常生活中下肢的运功，主要分为两个方面：一是合起双腿的运动（蹲下、坐下、盘腿）；二是打开双腿的运动（走、跑、上下台阶）。进行裤装纸样设计时，不仅需要考虑到运动产生的腰围和臀围尺寸变化，还要考虑合体美观。

（1）腰部。腰部是裤子固定的部位，是相对稳定的因素。根据人体正常动作幅度的变化，体格和体型的差别，蹲下、坐下及躯干前屈 90° 时腰围加大 1.5 ~ 3cm，因此，腰围需 3cm 左右的松量。但 3cm 的松量在人体静止时，外形不美观，松量过多。而人在生理上，2cm 的压迫对身体没有太大的影响，所以裤子腰围的松量 1 ~ 2cm 即可。

（2）臀部。臀部是人体下部明显隆起的部位，其主要部分是臀大肌，人在蹲下、坐下、席地而坐作 90° 前屈时，臀围增量为 2.5 ~ 4cm，因此臀部的舒适量最少需要 4cm（因款式造型需要或特殊面料除外）。臀围加放量的多少，将裤装分为紧身裤、贴体裤、合体裤、宽松裤等几种形态。

（3）中裆宽与裤口宽。中裆线设置在人体髌骨附近，一般略向上，这主要是考虑裤子造型的美观。裤脚口是指裤脚下口的边沿，裤脚口的款式变化通常可分为三大类，即锥形裤、直筒裤、喇叭裤。这三种裤型的结构特征是以中裆和脚口之间的大小关系来确定的，在裤装结构变化中是较典型的裤型。中裆宽度大于裤口宽为锥形裤，等于裤口宽为直筒裤，小于裤口宽为喇叭裤，如图 3-2-1 所示。

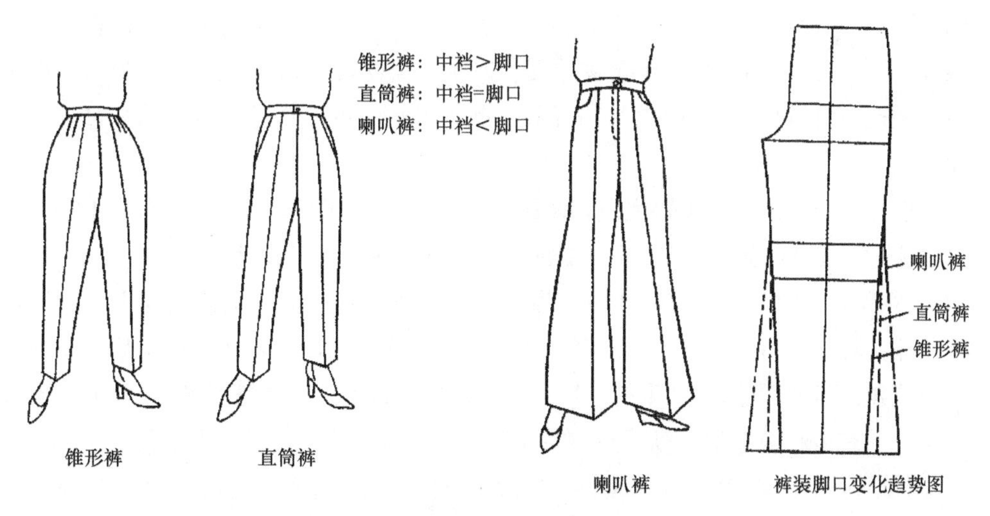

图 3-2-1　中裆宽度与裤口图

2. 裤长构成因素

裤长是指由腰口往下到裤子最底边的距离，可根据款式及喜好设计长短。横裆线将裤长分为上裆长及下裆长，由于蹲、坐、抬腿和躯干前屈等人体运动，使裤装的臀部伸展，为了减少阻力和腰口下落现象，在增加裤装围度的同时，还必须增加裤装的上裆量及起翘量，如图 3-2-2 所示。

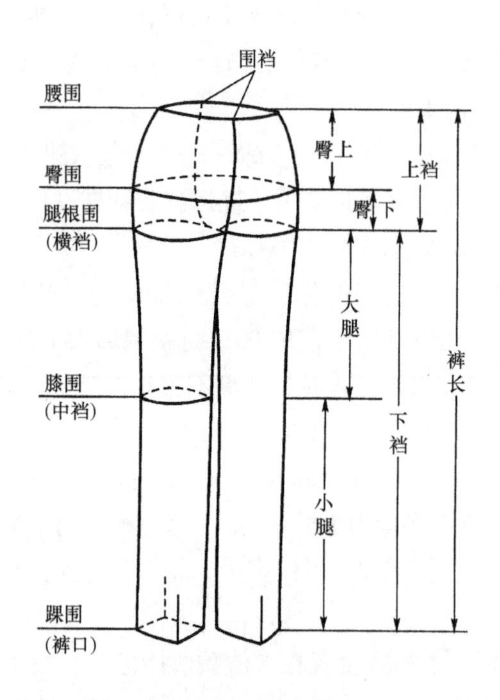

图 3-2-2 裤子长度构成因素

（1）上裆长。上裆长又称直裆深、立裆深，是指腰节至臀底耻骨（会阴点）水平线之间的距离。上裆长与人体股上长有着密切联系，对于在人体腰围线装腰的裤装款式，上裆长 = 股上长 + 裆底松量 + 腰宽；对于低腰裤装款式，上裆长 = 股上长 + 裆底松量 - 低腰量。在裤装纸样设计中，上裆长的确定至关重要，其大小直接影响裤子裆底活动量与穿着的舒适性。如果裤子上裆长过大，会产生吊裆现象，既不美观，也不舒适；若上裆长过小，则会兜裆不舒适，如图 3-2-3 所示。

（2）下裆长。下裆长是指臀底耻骨水平线至裤口的长度，可以用裤长减去上裆长得出。下裆部位是裤子结构的另一组成部分，俗称裤筒，其长短大小的变化决定了裤子的造型变化。

（3）落裆量。在裤子结构设计中，为了符合人体臀底造型与人体运动学，后裤片横裆线比前裤片横裆线下落 0.5 ~ 1.5cm，作为落裆大小。其结构形成主要是前、后裆宽差值，裤长及前后下裆内缝曲率不同而产生的，落裆量取值以保证前后下裆缝长相等或相近为目的。

（4）裤子整体轮廓造型。纵观整条裤子的外形轮廓，是由裤长、上裆长、腰围、臀围、横裆、中裆及裤口等几个大环节构成的。一般裤子的造型在中裆以下变化较大，既可以依随体表曲线变化，又可以大幅度地离开体表的曲线或两者之间变化。

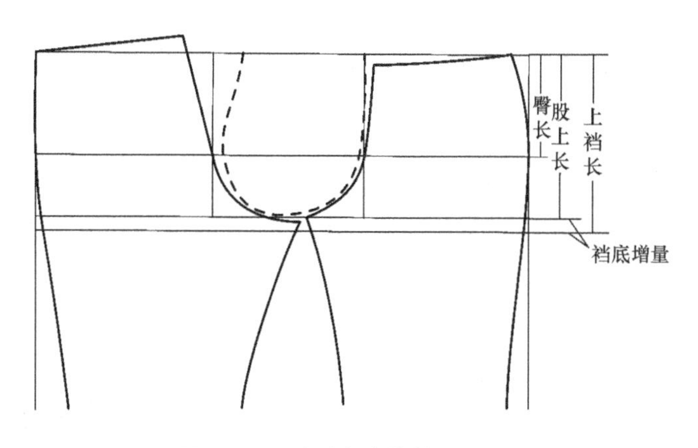

图 3-2-3　上裆与人体关系图

裤子的整体造型是前面要求平直，两腿正中有笔直挺括的烫迹线（挺缝线），挺缝线一般与布料的经纱重合，即为布料的一根经纱。前、后挺缝线均为直线型的裤装结构。前挺缝线位于前横裆中点位置，即侧缝至前裆宽点的 1/2 处；后挺缝线位于后横裆中点位置，即侧缝至后裆宽点的 1/2 处。而对于贴体的裤子，前挺缝线仍旧位于前横裆中点位置，后挺缝线则位于后横裆的中点向侧缝偏移 0 ~ 2cm 处，后挺缝线偏移后，对后裤片必须进行熨烫工艺处理，如图 3-2-4 所示。

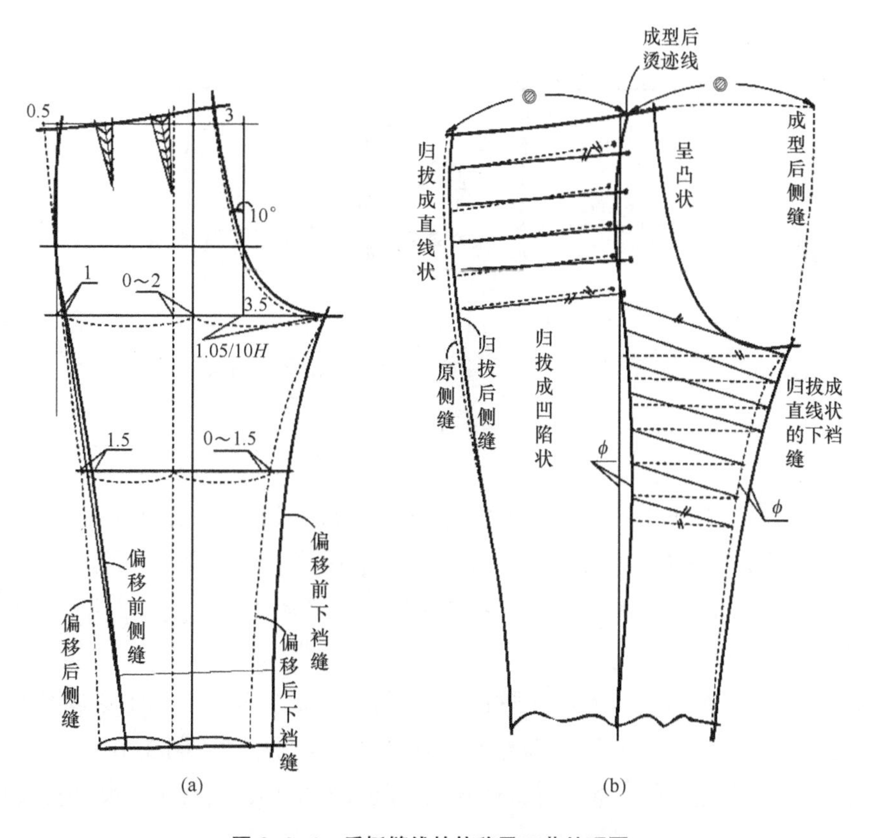

图 3-2-4　后挺缝线的偏移及工艺处理图

二、裤装主要部位分析

1. 上裆部位

（1）臀围比例。因人体下肢运动时对裆部产生影响，裤子臀围放松量一般大于裙子的臀围放松量，约是臀围的 10% 左右（可根据裤子的廓型及面料的伸缩性灵活变化）。裤装臀围的分配比例通常是前片略小于后片，这是因为人体在上肢自然下垂时会向前倾，手中指指向下肢的偏前部位，因此，裤子侧缝线略向前移便于手插侧袋。

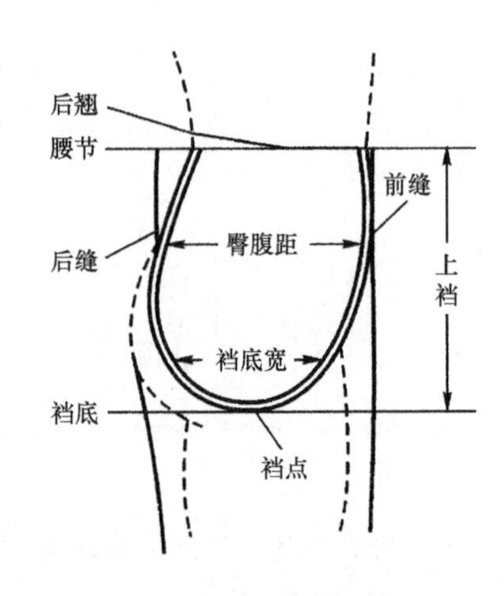

图 3-2-5 人体裆部形态图

（2）裆弯与裆宽。在裤装纸样设计中，裤子的前、后裆弧形是与人体前腰腹部、后腰臀部和大腿根部分叉所形成的结构相吻合。人体侧面的腰、腹、臀至股底是一个向前倾的椭圆形（图 3-2-5），以耻骨为联合点作垂线，分为前裆弧线与后裆弧线。由于人体臀部较丰满，臀凸大于腹凸，因此后裆弯度大于前裆弯度。裤子的裆宽反映躯干下部的厚度，前后裆宽要符合人体的腹臀宽，一般总裆宽为 1.6H/10，前、后裆宽的比例约 1 ∶ 3，前裆宽为 0.4H/10，后裆宽为 1.2H/10，其中后裆斜度 0.2H/10, 如图 3-2-6 所示。

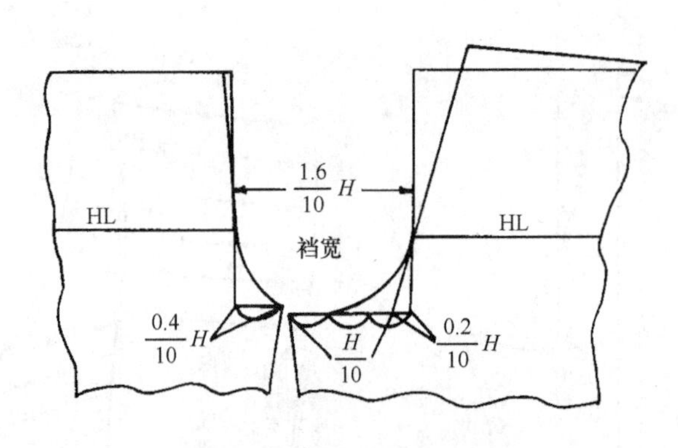

图 3-2-6 裤子裆部分配图

（3）后翘与后裆斜线。后翘是使后裆弧线的总长增加而设计的，起翘量 2 ~ 3cm 为宜。后裆起翘量是由两方面因素决定的，一是满足臀部前屈等动作需要，二是后裆缝捆势的产生而形成的。后裆斜线的倾斜度取决于臀大肌的造型，一般为 10° ~ 15°，臀大肌的挺度越大，后裆斜线越倾斜。

在裤装纸样设计中，后上裆垂直倾斜角取值范围在 0 ~ 20°，其中裙裤类的一般为 0，宽松裤后裆斜度为 0 ~ 5°，较宽松裤为 5° ~ 10°，较贴体裤控制在 10° ~ 15°，贴体裤则为 15° ~ 20°。当臀腰尺寸差小时，裤片的后腰起翘也小；当臀腰差尺寸较大时，裤片的后翘也趋大。

2. 下裆部位

前裤片下裆部分以挺缝线（烫迹线）为对称轴，后裤片下裆部分裆宽处应略大于侧缝，居后裆宽的中点向侧缝偏移 0 ~ 2cm，通过归拔工艺使后挺缝线呈上凸下凹的合体造型，凸部对应人体臀部，凹部对应大腿根部，偏移量越大，后挺缝线贴体程度越高。在贴体紧身裤中，前后挺缝线都需进行一定量的偏移处理，由于人体大腿内侧肌肉发达，下肢的横向伸展率和前屈运动，为了使紧身裤穿着平服，需调整前挺缝线居前裆宽中点向内裆缝偏移 0 ~ 1cm，后挺缝线居后裆宽中点向侧缝偏移 0 ~ 1cm。

3. 腰、臀差设计

（1）腰臀形态差。在裤装纸样设计中，前裤片覆合于人体的腹部、前下裆部，后裤片覆合于人体的臀部、后下裆部。腰臀间为人体贴合区域，由裤子的腰省、腰褶形成密切贴合区，图 3-2-7 为人体腰部与裤子形态图。从人体腰臀横截面看，腰臀差在后片最大，侧面次之，前面相对较小。

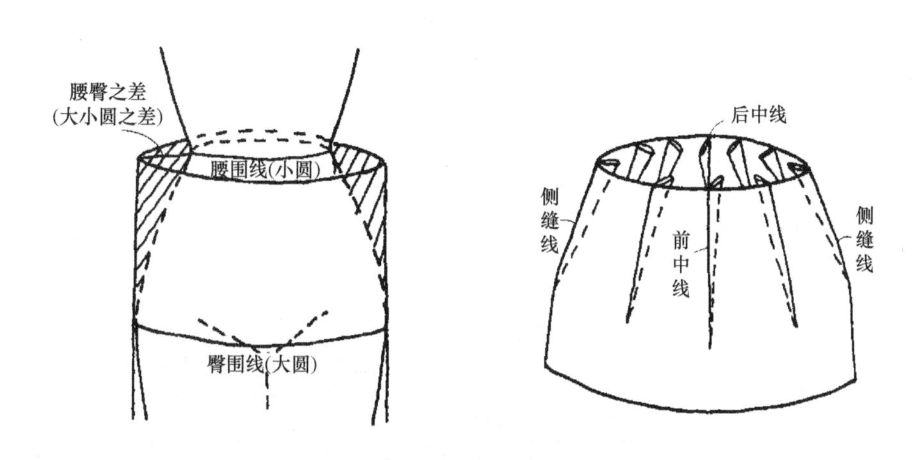

图 3-2-7　人体腰部形态与裤子图

（2）前腰褶（省）的分布。根据人体腰腹的形态特征和裤子的风格，前裤片除前中心、侧缝处劈势外，设腰省或腰褶解决腰腹差，一般设凹形省或凹形褶裥来塑造腰腹间的立体贴合装。前裤片的褶数量一般为 1 ~ 2 个，特殊款式的裤装也可在 2 个以上。前身设褶的数量不论多少，每个褶裥的褶量一般宜控制在 2 ~ 4cm，靠近挺缝线处的褶裥宜大些，靠近侧缝处的褶裥宜小些。在进行褶位设计时，第一个褶裥位置一般以挺缝线为准，其余褶裥均匀地设置在第一个褶裥与侧缝线或斜袋位之间。

（3）后腰省的分布。裤装的腰省常设置在后裤片上。根据人体腰臀的形态特征，后裤片设腰省和后裆斜解决腰臀差。后腰省的数量不论多少，每个腰省的大小宜控制在 1.5 ~ 2.5cm。腰省位置的选定与有无后袋有关，无后袋时，以均分后腰大小为依据确定省位；有后袋则先确定后袋的位置，然后再以后袋位为依据确定省位。

第三节　裤装纸样艺术设计

一、贴体裤

1. 低腰分割型紧身裤

（1）款式特点。低腰分割紧身裤是喇叭裤造型之一，显现女性修长、优美的曲线。款式特点是紧身贴体、臀部松量极少，腰位下移；前裤片腰口下设横向分割，左右两侧弧形分割，后裤片弧形育克，育克分割线下左右各设宜装袋盖的后袋（图 3-3-1）。

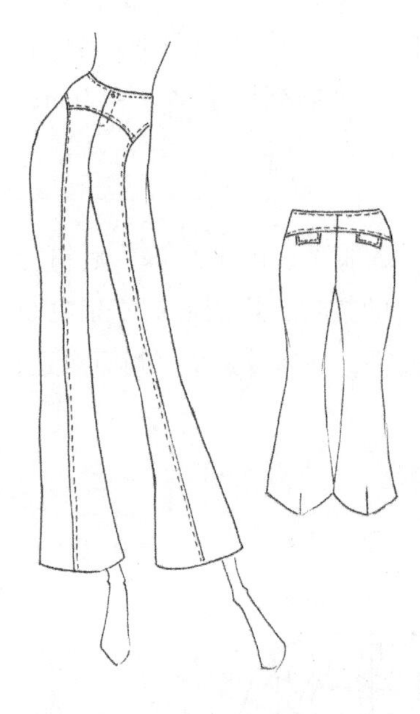

图 3-3-1　低腰分割型紧身裤款式图

（2）结构设计要点。

①上裆长 0.1× 身高 +0.1H（0.1h+0.1H），腰位线下移 2cm。

②腰省量分别转移至育克，省尖处余量作为层势。

③贴体裤臀围松量 4 ~ 6cm。

④前裆宽减去横裆处侧缝收进量□，后裆宽增加侧缝收进量△ /2。

（3）设定规格（表 3-3-1）。

表3-3-1　低腰分割型紧身裤规格表　　单位：cm

号 / 型	部位	裤长	腰围	臀围	中裆	脚口
160/66A	规格	96	66	94	22	25

（4）前、后裤片结构图（图 3-3-2）。

2. 分割型紧身裤

（1）款式特点。分割型紧身裤为时尚女裤，给人轻快、休闲之感。贴体直筒造型，臀部略有松量，裤长至脚背，前裤片腰口设一腰省，膝部设横斜形分割线，分割线下设纵向分割线并装拉链，拉链内设褶裥。后片育克分割，分割线下方压缉贴袋（图 3-3-3）。

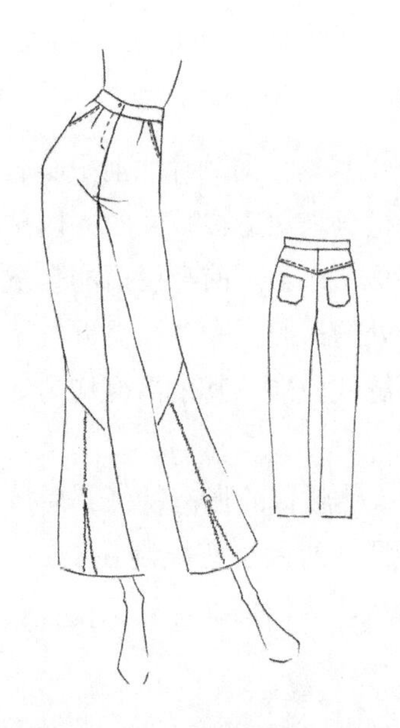

图 3-3-3　分割型紧身裤款式图

（2）结构设计要点。

①上裆长 0.1h+0.1H，腰位线下移 2cm，装腰。

②后腰省量转移至育克，前裤片设一腰省。

③裆部贴体，裤臀围松量 4 ~ 6cm。

④前裤片中裆处斜线分割，中裆线向下挺缝线处暗裥装

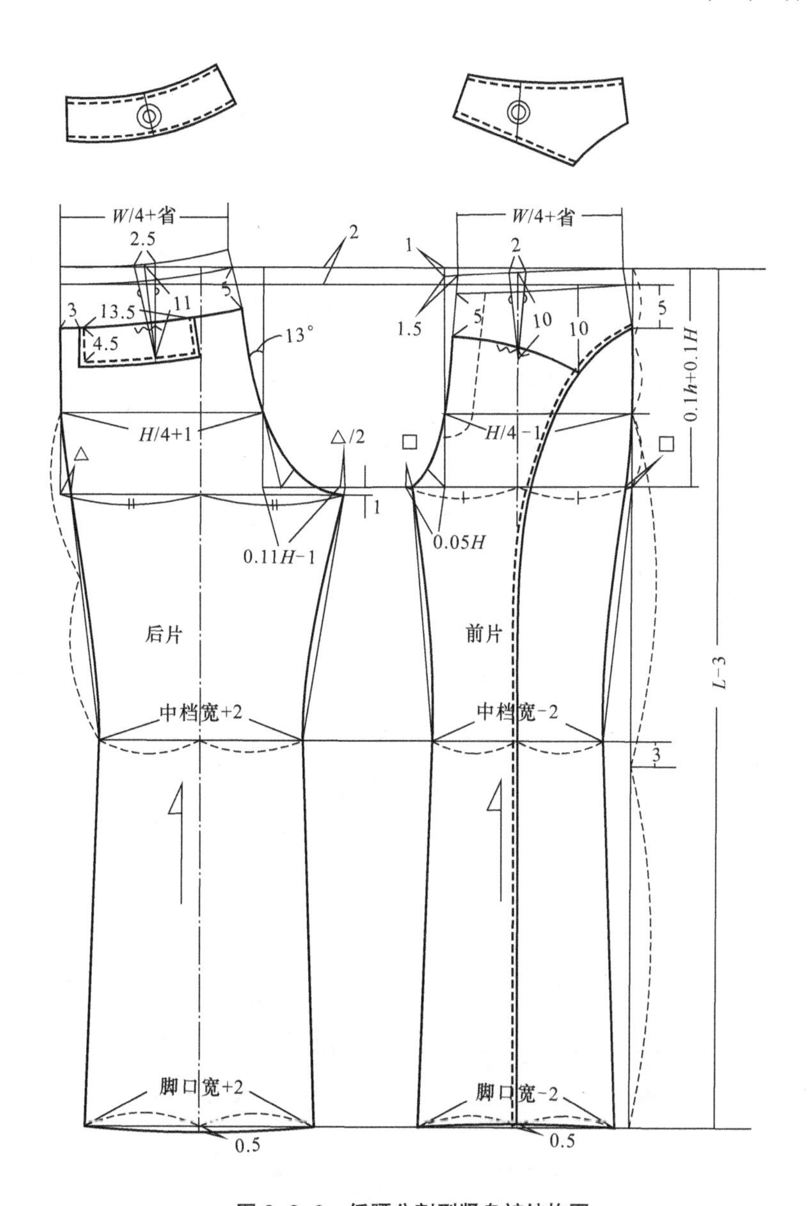

图 3-3-2　低腰分割型紧身裤结构图

拉链。

（3）设定规格（表 3-3-2）。

表3-3-2　分割型紧身裤规格表　　单位：cm

号 / 型	部位	裤长	腰围	臀围	中裆	脚口
160/66A	规格	96	68	94	22	22

（4）裤子结构图（图 3-3-4）。

3．**斜拉链短裤**

（1）款式特点。一款深受年轻女性青睐的夏季时尚短裤。宽腰，前开襟，前腰头左右

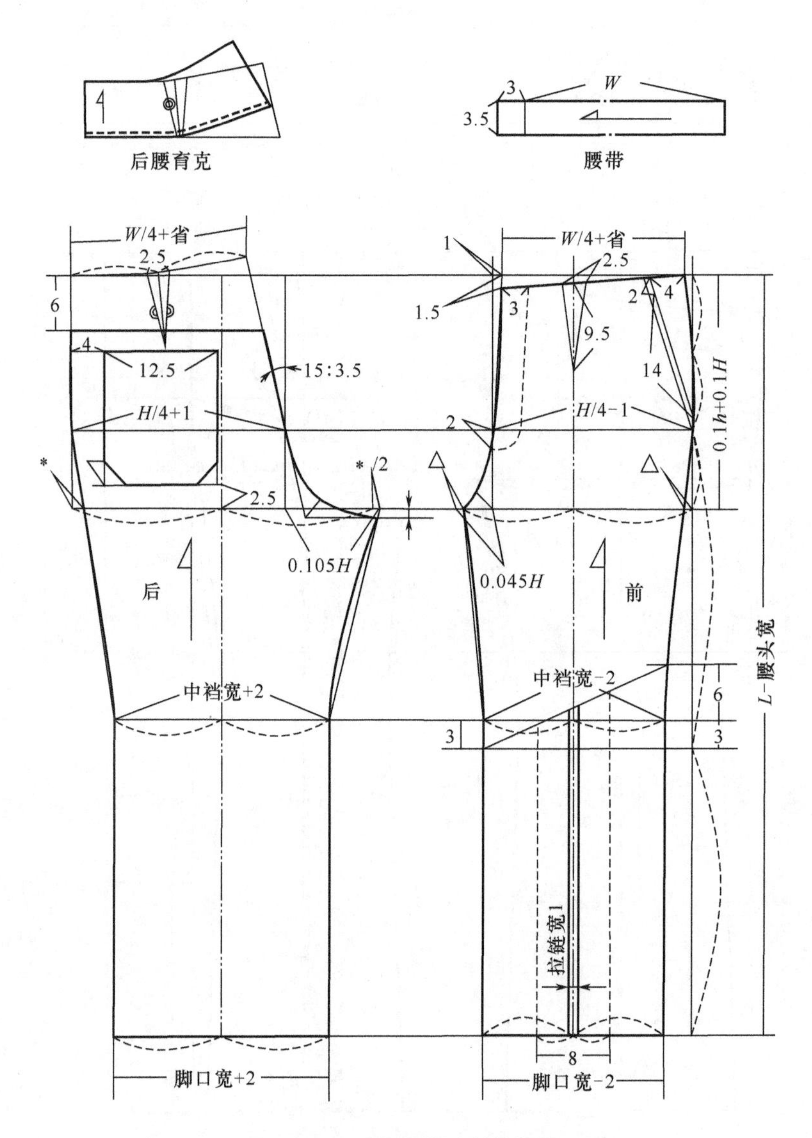

图 3-3-4　分割型紧身裤结构图

各设三个省，后腰头左右均收两个省；插袋，斜袋口，装拉链（图 3-3-5）。

（2）结构设计要点。

①上裆尺寸 24cm，为低腰裤类。

②腰宽 5cm，前腰头左右各收三个省，后腰头左右各收两个省。

③后落裆量 =1.5 ~ 2.5cm，目的是使后裤口达到收腿效果。

（3）设定规格（表 3-3-3）。

表3-3-3　斜拉链短裤规格表　　单位：cm

号 / 型	部位	裤长	腰围	臀围
166/66A	规格	34	66	94

（4）结构图（图 3-3-6）。

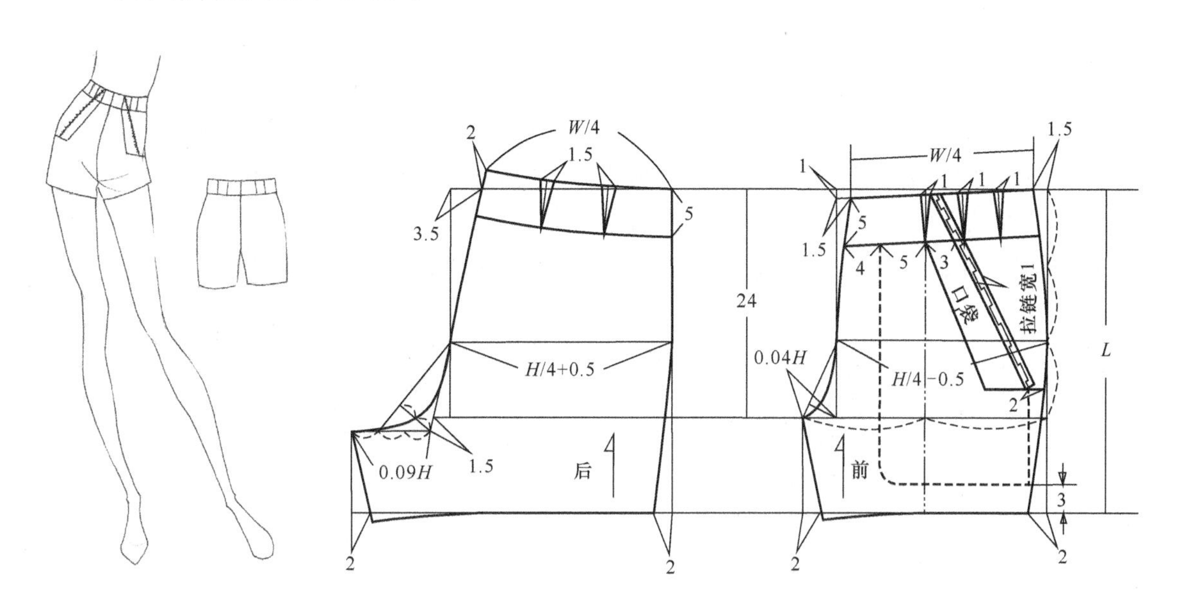

图 3-3-5　斜拉链短裤款式图

图 3-3-6　斜拉链短裤结构图

二、合体裤

1. 分割型灯笼裤

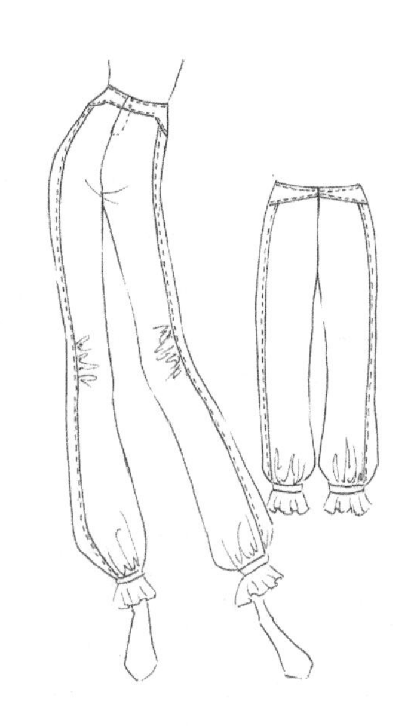

图 3-3-7　分割型灯笼裤款式图

（1）款式特点。低腰合体、膝部抽褶灯笼裤，宽松直筒裤管，设计重点是膝部抽细褶，既美观又考虑功能性。前裤片上部设横向弧形分割线，前后裤片纵向分割，前、侧、后三片开裁，无侧缝，后片拼后翘，裤口皮筋抽褶收口形成灯笼状（图 3-3-7）。

（2）结构设计要点。

①上裆长 $0.1h+0.1H$，正常腰位线。

②根据款式画出育克线，腰省量分别转移至育克。

③前后裤片纵向分割，侧片合并。

④前裤片中裆处剪开放入抽褶量。

⑤裤长略长，给灯笼裤一定的纵向收缩量，脚口抽褶至脚口宽 16cm。

（3）设定规格（表 3-3-4）。

表3-3-4　分割型灯笼裤规格表　　单位：cm

号 / 型	部位	裤长	腰围	臀围	脚口
160/66A	规格	100	66	96	16

（4）裤片结构图（图 3-3-8）及展开图（图 3-3-9）。

2. 暗裥裤

（1）款式特点。装腰型小脚裤，裥位设在前挺缝线，上下贯通，腰口和脚口褶裥处压缉明线固定，使腹部和裤脚合身。由于裥的中部可以随人体的运动自然开启，故增加了功能性。暗裥处也可选择同质异色的面料，增加暗裥的表现力和造型情趣（图 3-3-10）。

（2）结构设计要点。此款裤子前片褶裥的位置设在挺缝线上，在裤子基本型的基础上沿此线剪开纸样，平行放入暗裥的量，需注意将前腰省并入褶裥中。缩小裤口，突出造型。

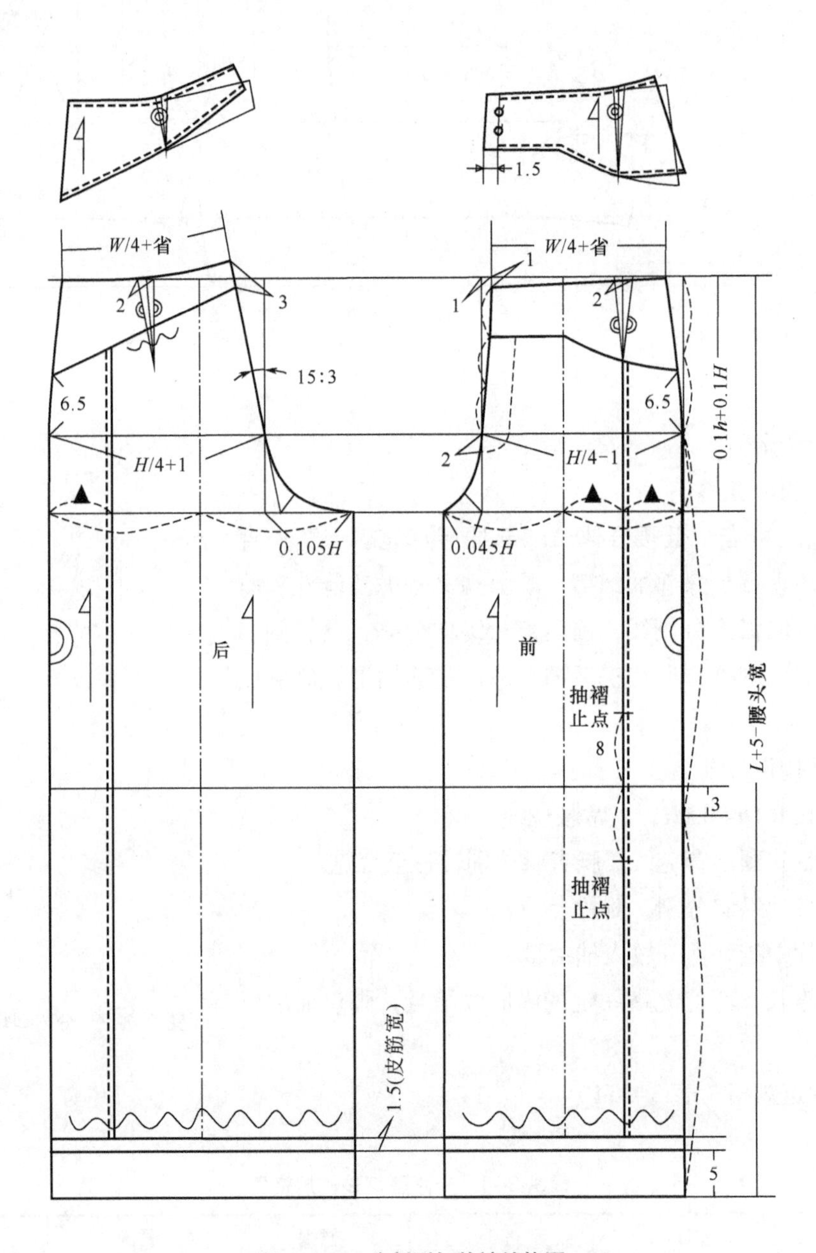

图 3-3-8 分割型灯笼裤结构图

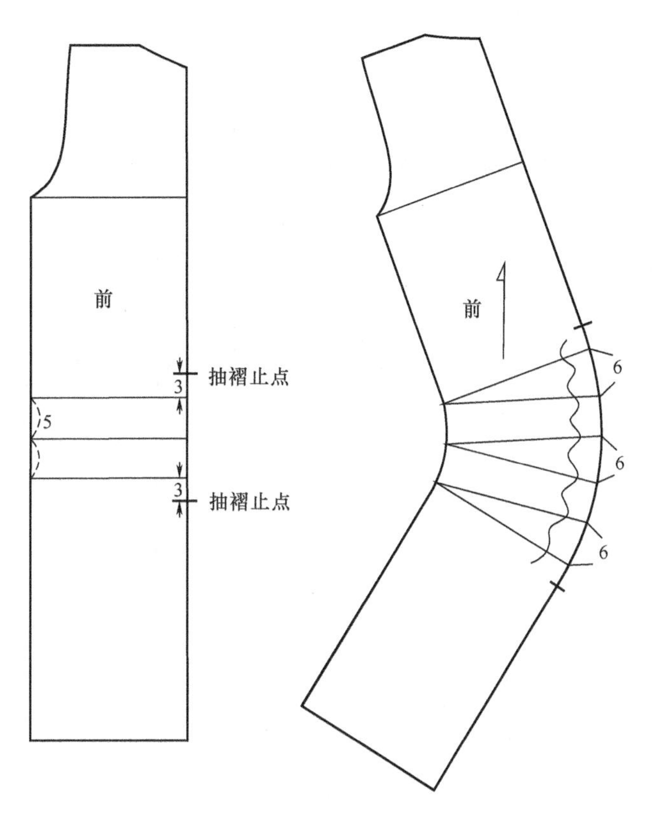

图 3-3-9　分割型灯笼裤展开图

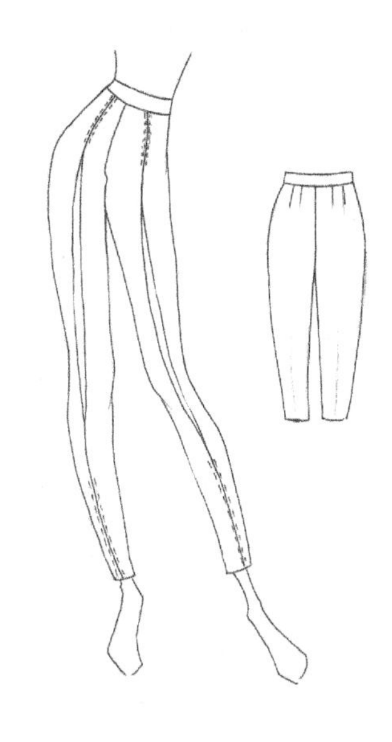

图 3-3-10　暗裥裤款式图

（3）设定规格（表 3-3-5）。

表3-3-5　暗裥裤规格表　　单位：cm

号 / 型	部位	裤长	腰围	臀围	中裆	脚口
160/66A	规格	96	68	96	21	18

（4）前、后裤片及腰头结构图（图 3-3-11）。

3. ***塔克褶裤***

（1）款式特点。塔克褶锥形裤，臀部合体，前后腰部设三个褶，由腰褶沿至侧缝形成弧形褶。裤身从臀部向裤口逐渐收小变窄，裤长至鞋面，裤侧开口装隐形拉链（图 3-3-12）。

（2）结构要点。

①根据款式图在裤基本型上确定褶裥位置，作弧形褶裥分割线，将腰省量均匀分配至褶裥线中，再剪开放入所需裥量。

②窄裤口，前后裤口在基本裤基础上减至造型需要。

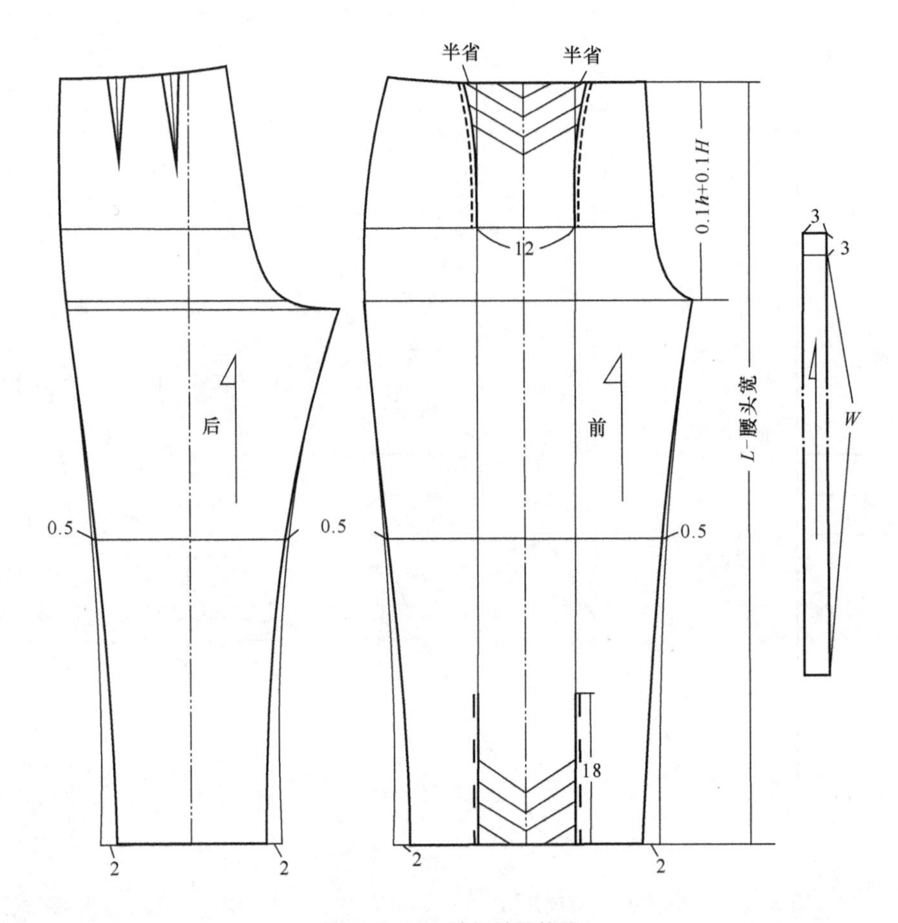

图 3-3-11　暗裥裤结构图

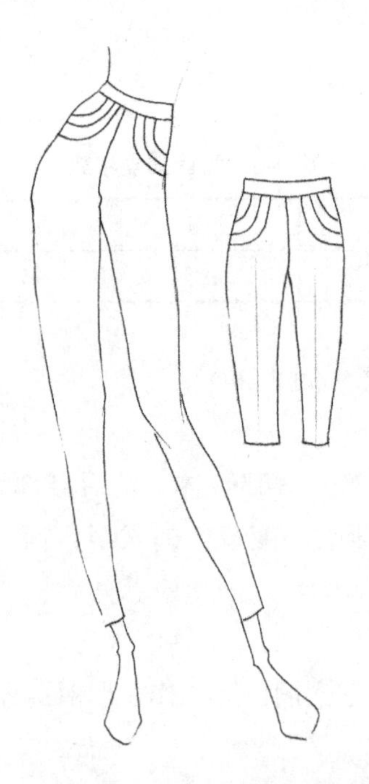

图 3-3-12　塔克褶裤款式图

（3）设定规格（表 3–3–6）。

表3–3–6　塔克褶裤规格表　　单位：cm

号 / 型	部位	裤长	腰围	臀围	中裆	脚口
160/66A	规格	94	68	96	22	17

（4）裤片结构图（图 3–3–13）及展开图（图 3–3–14）。

三、较宽松裤

1. 高腰型多裥松身裤

（1）款式特点。装腰型高腰裤，前裤片腰部左右各设三个裥，右侧缝装拉链；后裤片腰口左右各设两个省。从臀部向裤口逐渐缩小变窄，裤长至鞋面（图 3–3–15）。

（2）结构设计要点。

①腰宽 5cm，前腰头中部部分重叠。

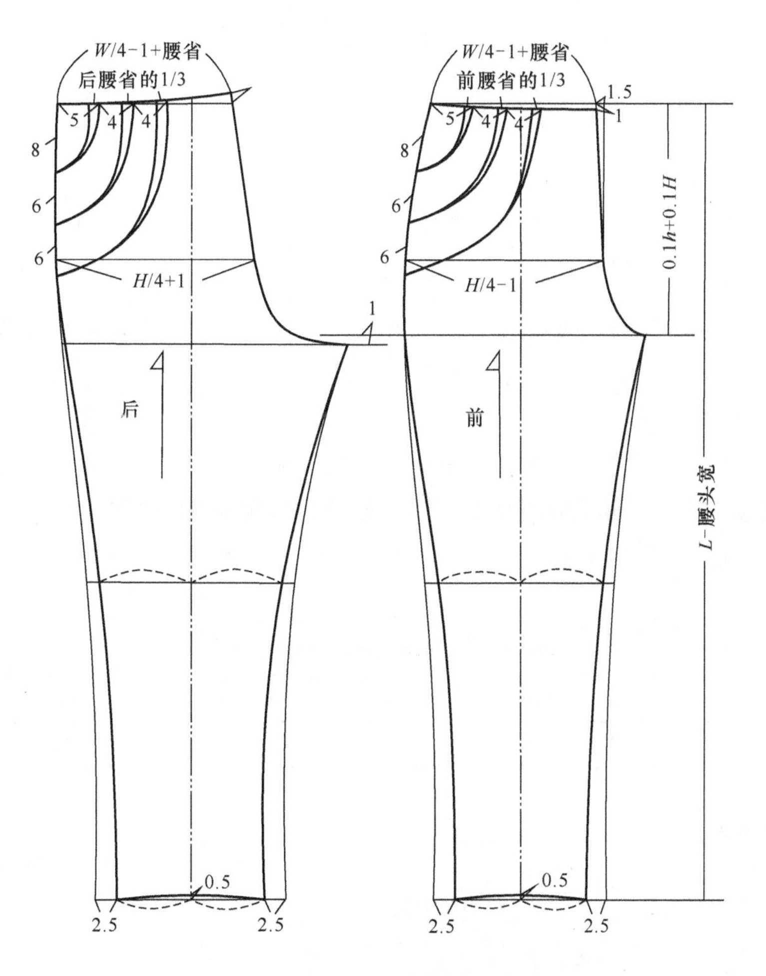

图 3–3–13　塔克褶裤结构图

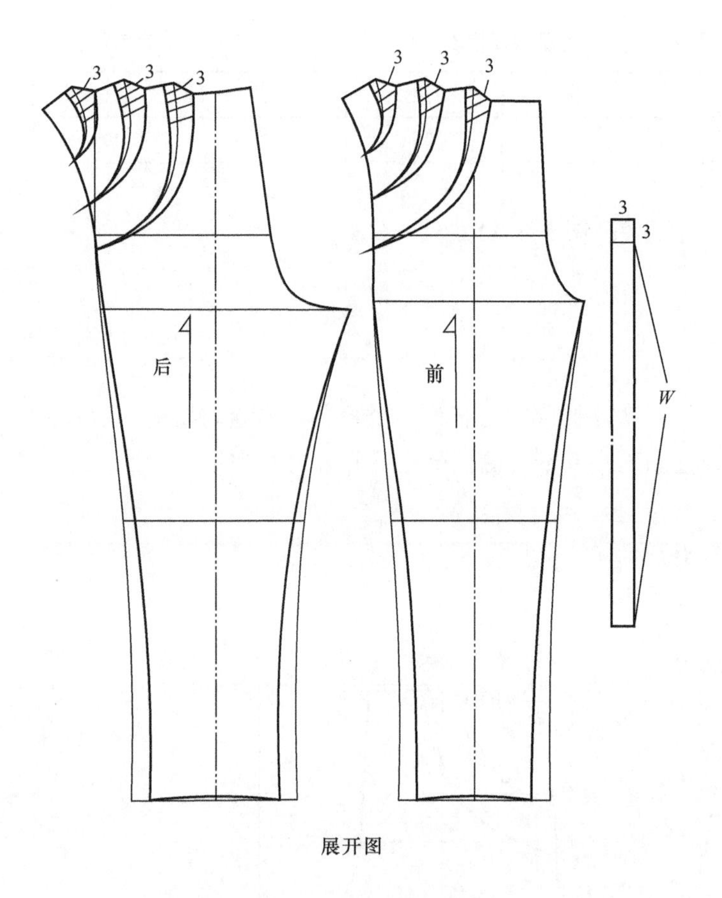

图 3-3-14　塔克褶裤展开图

图 3-3-15　高腰多裥松身裤款式

②前片腰部 3 个裥，放出褶裥量，根据前腰宽再确定前臀宽、前横裆的大小。

③前裆宽减去横裆处侧缝收进量△，后裆宽增加侧缝收进量○ /2。

（3）设定规格（表 3-3-7）。

表3-3-7　高腰多裥松身裤规格表　　单位：cm

号 / 型	部位	裤长	腰围	臀围	中裆	脚口
160/66A	规格	100	68	96	22	20

（4）结构图（图 3-3-16）。

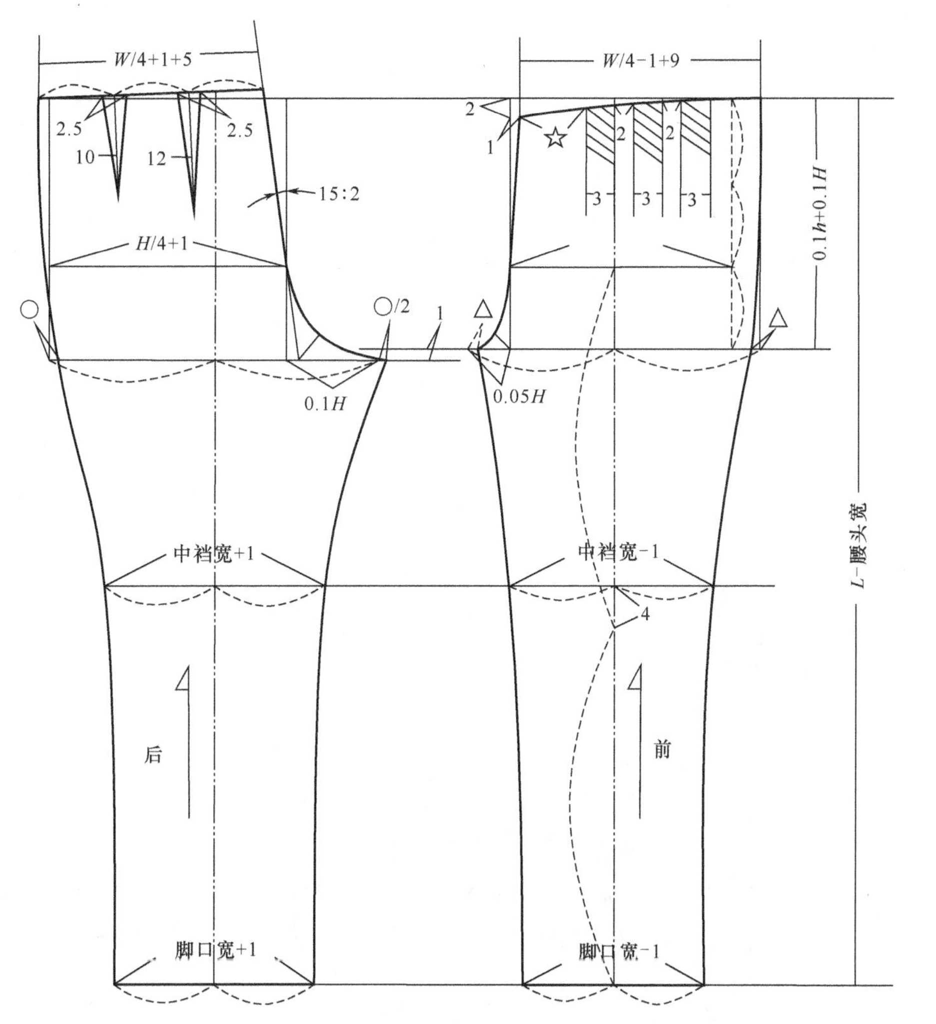

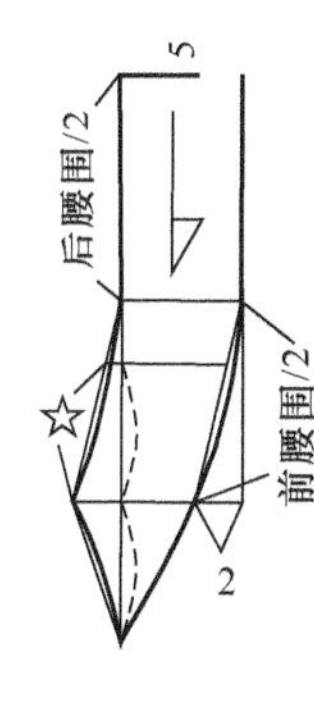

图 3-3-16　高腰多裥松身裤结构图

2. **三褶高腰裤**

（1）款式特点。这是一款经典裤型，可以展现女性优美修长的下肢，深受广大女性所喜爱。高腰裤，连腰，前后片腰部左右各收三个裥，臀部较宽松，从臀部向裤口逐渐收小变窄，上宽下窄呈锥形裤造型，裤长至鞋面（图 3-3-17）。

（2）结构设计要点。

①锥形裤臀部较宽松，臀围松量 12 ~ 16cm。

②连腰造型，腰宽 5cm。

③腰省向上延伸至连腰部位，注意腰省位置的确定。

④前后裤片省中线剪开至脚口，放入所需裥量。

（3）设定规格（表 3–3–8）。

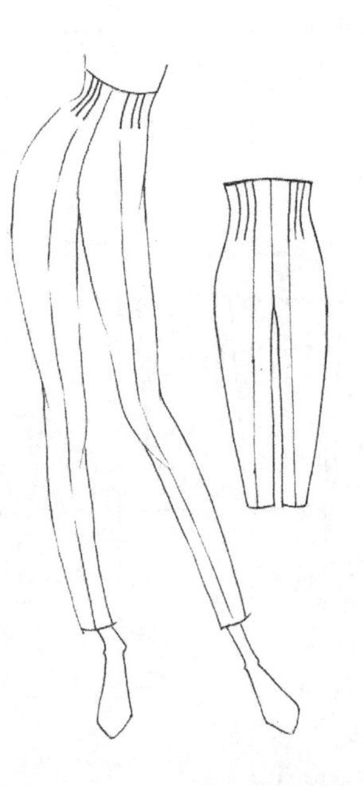

图 3–3–17　三褶高腰裤款式图

表3–3–8　三褶高腰裤规格表　　单位：cm

号 / 型	部位	裤长	腰围	臀围	中裆	脚口
160/66A	规格	96	68	106	22	22

（4）裤片结构图（图 3–3–18）及展开图（图 3–3–19）。

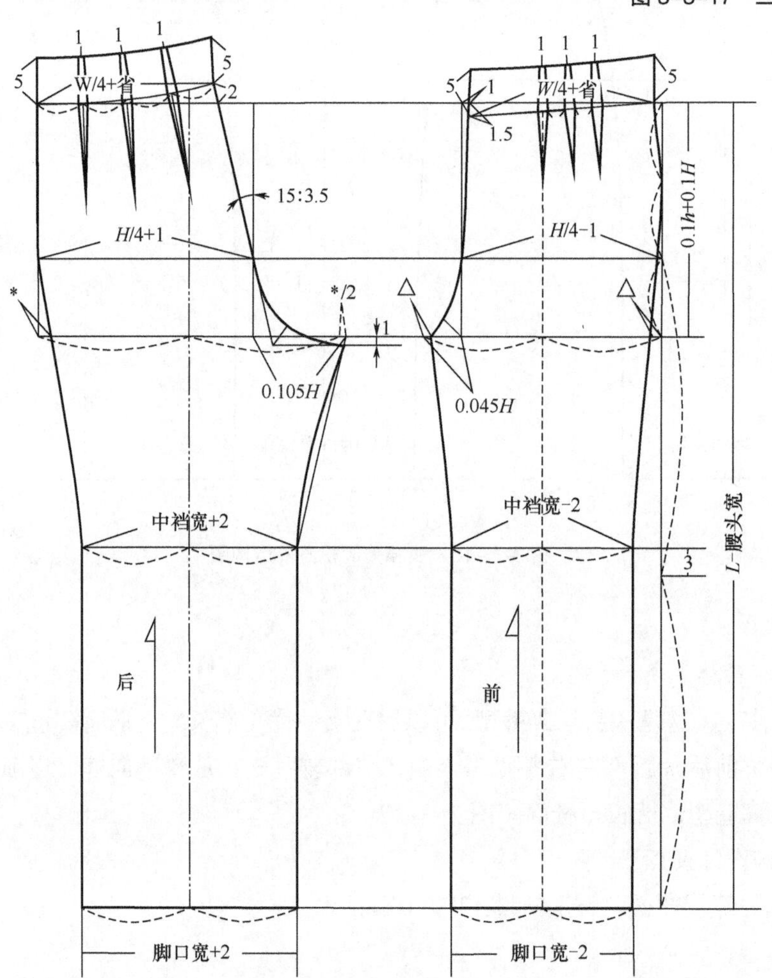

图 3–3–18　三褶高腰裤结构图

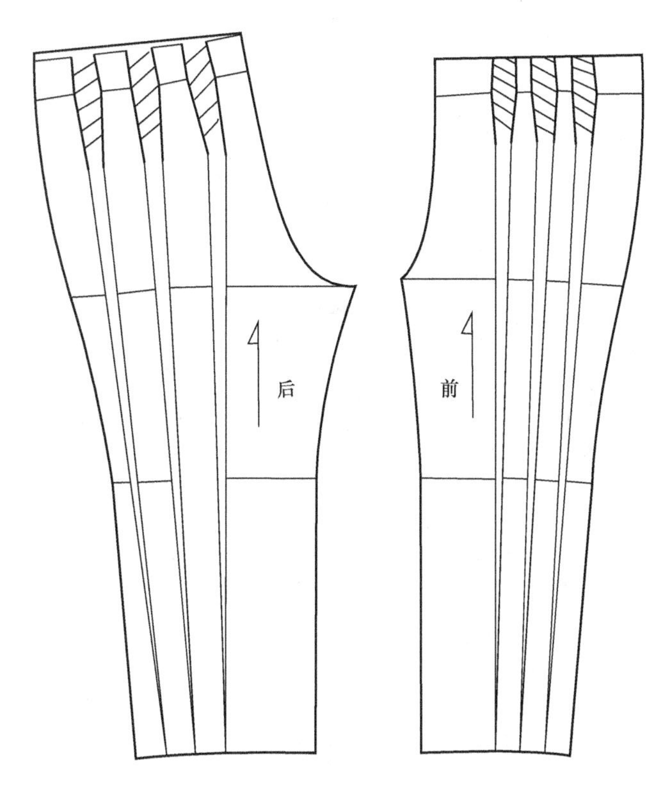

图 3-3-19　三褶高腰裤展开图

3．休闲背带裤

（1）款式特点。连体背带较宽松休闲裤，腰部内腰带抽细褶，臀部松量较大，前片左右各一明贴袋，裤口较小且翻边，九分裤长（图 3-3-20）。

（2）结构设计要点。

①胸围松量 12cm，臀围松量 12cm。

②胸腰差和腰臀差通过腰带抽褶来进行调节处理。

③前裤口 = 裤口 -4cm，后裤口 = 裤口 +4cm，另加翻边宽 4cm × 2。

（3）设定规格（表 3-3-9）。

表3-3-9　休闲背带裤规格表　　单位：cm

号 / 型	部位	裤长	胸围	腰围	臀围	裤口
166/84A	规格	104	84+12	96	89+12	18

图 3-3-20　休闲背带裤款式图

（4）结构图（图 3–3–21）。

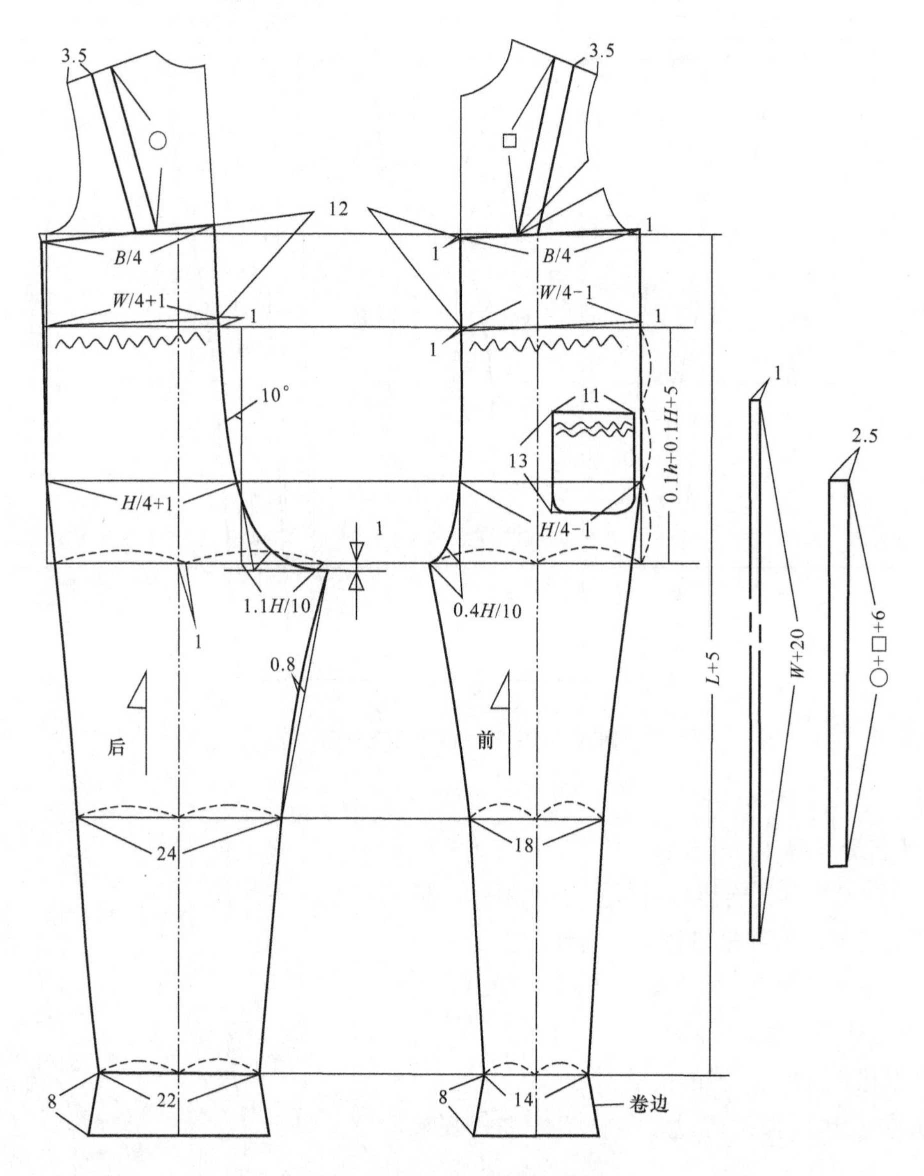

图 3–3–21 休闲背带裤结构图

4. 育克抽褶松身裤

（1）款式特点。连腰头育克抽褶裤为春夏时尚裤型。臀部宽松肥大，前片腰部半育克分割，设三个褶裥，后片设两腰省，脚口窄小的锥子裤造型，前开门绱门里襟装拉链（图 3–3–22）。

（2）结构设计要点。

①臀部宽松肥大，臀围松量 12 ~ 16cm。

②连腰头，腰宽 4cm，腰省向上延伸至连腰部位。

③前片腰腹部半育克分割，育克线中放入三个褶裥量 7.5cm。

④前片横裆、脚口加大臀部增量●，前挺缝线向侧缝方向移动● /2。

（3）设定规格（表 3-3-10）。

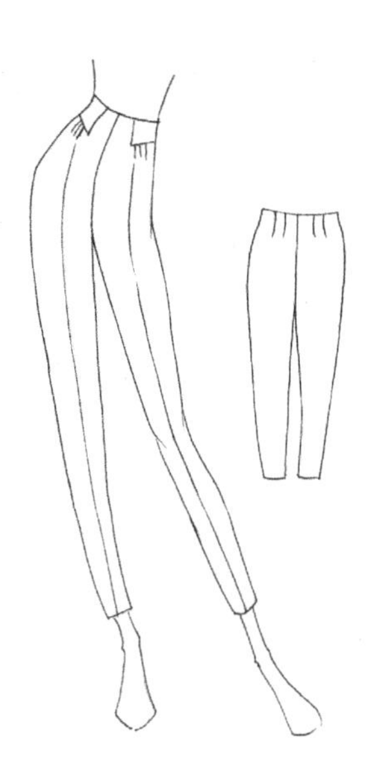

图 3-3-22　育克抽褶松身裤款式图

表3-3-10　育克抽褶松身裤规格表　　单位：cm

号 / 型	部位	裤长	腰围	臀围	脚口
166/688A	规格	100	70	91+15	17

（4）结构图（图 3-3-23）。

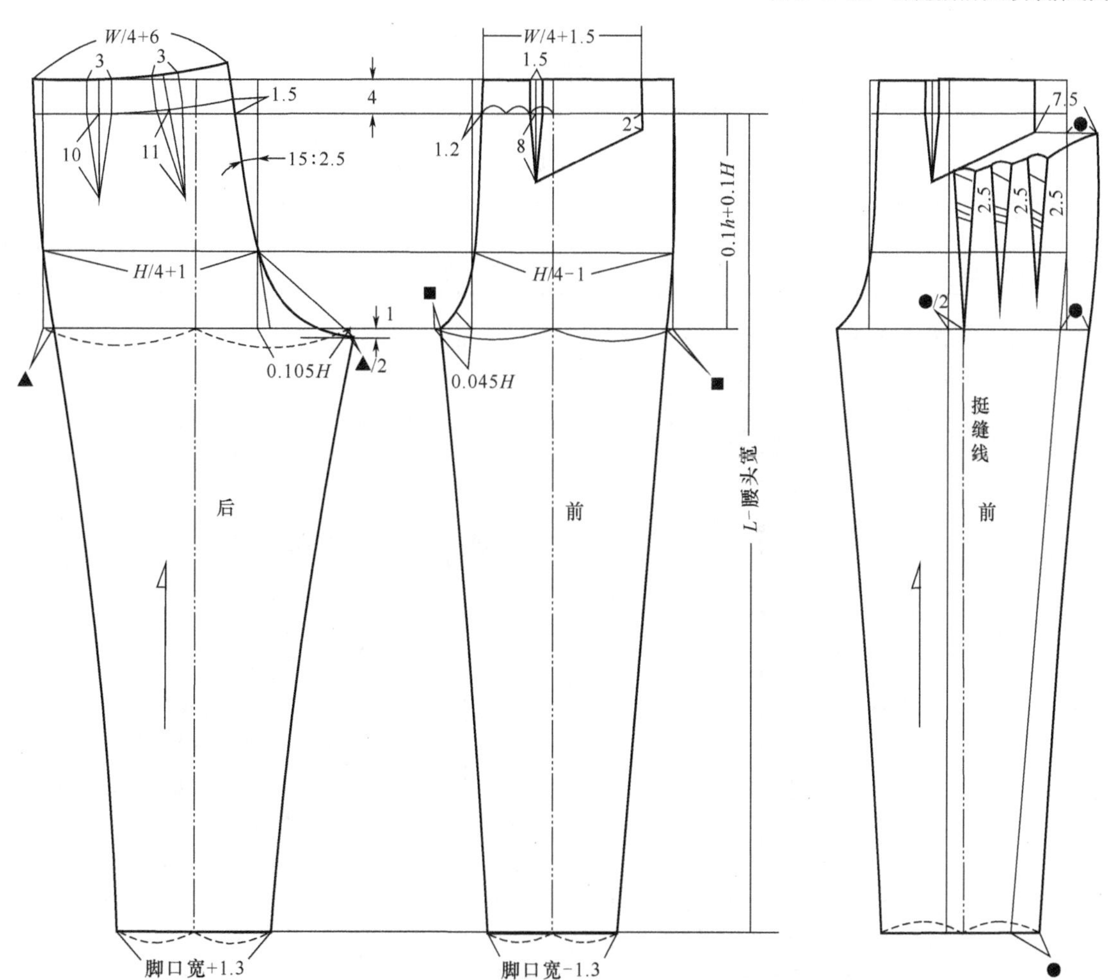

图 3-3-23　育克抽褶松身裤结构

四、宽松裤

1. 育克收褶裙裤

（1）款式特点。一款育克与普利特褶结合的裙裤。臀腹部育克分割，育克前中线设五粒扣搭门，前后裤片偏中缝处纵向分割，在分割线处剪展加褶裥，侧缝处立体口袋造型，给人以青春休闲之感（图3-3-24）。

（2）结构设计要点。

①在裙原型上增加裤子裆部结构，做裙裤基本型。

②按照款式图确定育克分割线，将腰省量转移至育克线中，后片余省放至普利特褶中。

③前、后裤片中线处依次向侧缝方向设褶裥纵向分割线，剪开放入褶量。

④育克下设插袋，口袋结构做宽松处理增强立体感。

图 3-3-24　育克收褶裙裤款式图

（3）设定规格（表 3-3-11）。

表3-3-11　育克收褶裙裤规格表　　单位：cm

号 / 型	部位	裤长	腰围	臀围
160/66A	规格	60	68	96

（4）裤片结构图（图 3-3-25）及展开图（图 3-3-26）。

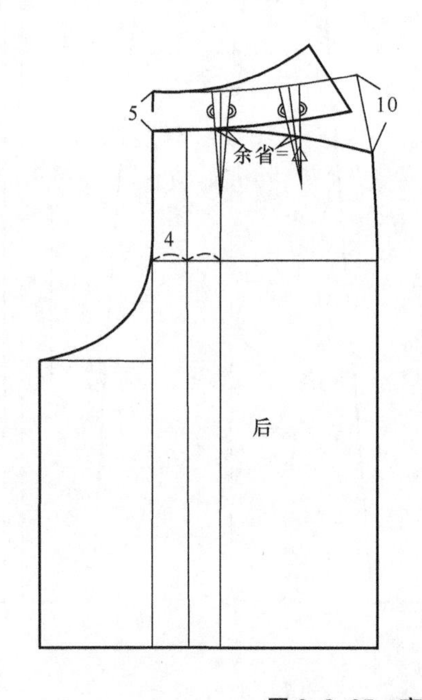

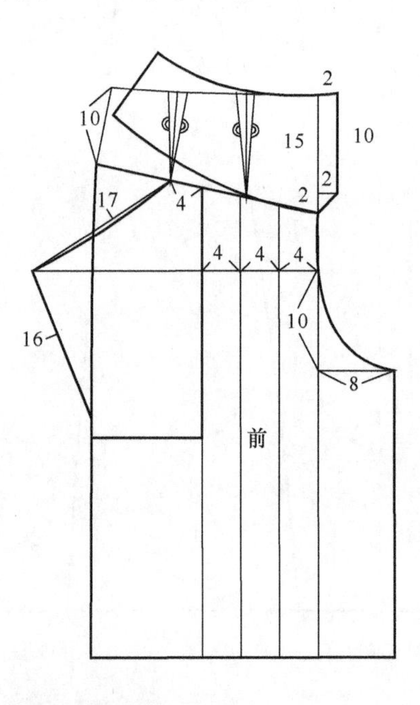

图 3-3-25　育克收褶裙裤结构图

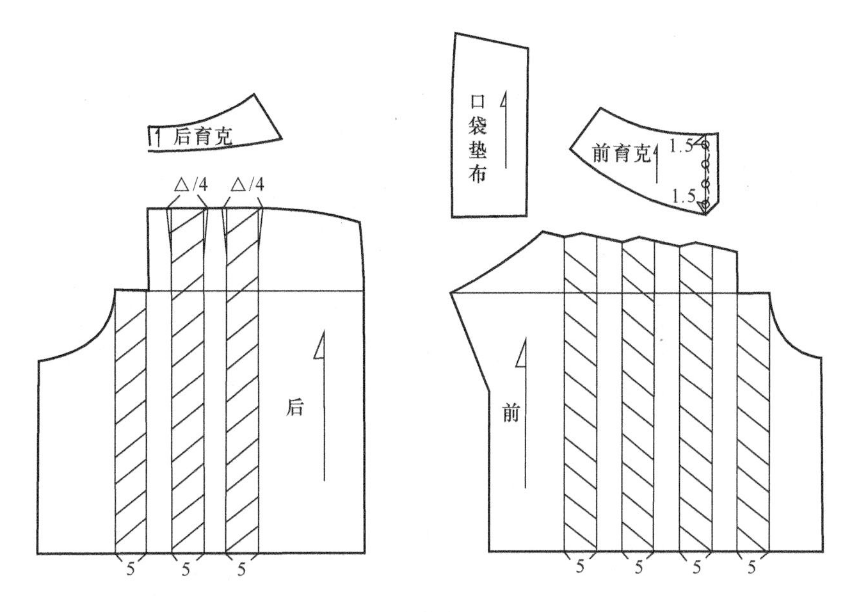

图 3-3-26 育克收褶裙裤展开图

2. **长裙裤**

（1）款式特点。一款优雅知性的长裙裤，适合年轻女性穿着。臀部宽松，前片门里襟处设暗裥，钉五粒扣，左右各设一褶裥；后片左右各两省，装腰（图 3-3-27）。

（2）结构设计要点。

①前中线偏斜 1.3cm，后中斜线斜度为 15 ： 2。

②前中暗裥大 8cm+ 叠门宽 2cm=10cm，由腰围至臀围、横裆、裤口平行放出。

③裙裤裆宽增加，前裆宽 0.05H，后裆宽 0.11H。

④五粒扣，确定纽扣位置。

（3）设定规格（表 3-3-12）。

图 3-3-27 长裙裤款式图

表3-3-12 长裙裤规格表

单位：cm

号 / 型	部位	裤长	腰围	臀围
160/66A	规格	91	68	90+16

（4）结构图（图 3-3-28）。

3. **连体裙款**

（1）款式特点。一款适合年轻女孩穿着的连体裙裤。前片胸部与裙裤连体，左右用背带相连，背带在后身呈交叉状，并用纽扣与后腰头连接；前中开门襟，前裤片左右各一明贴袋，

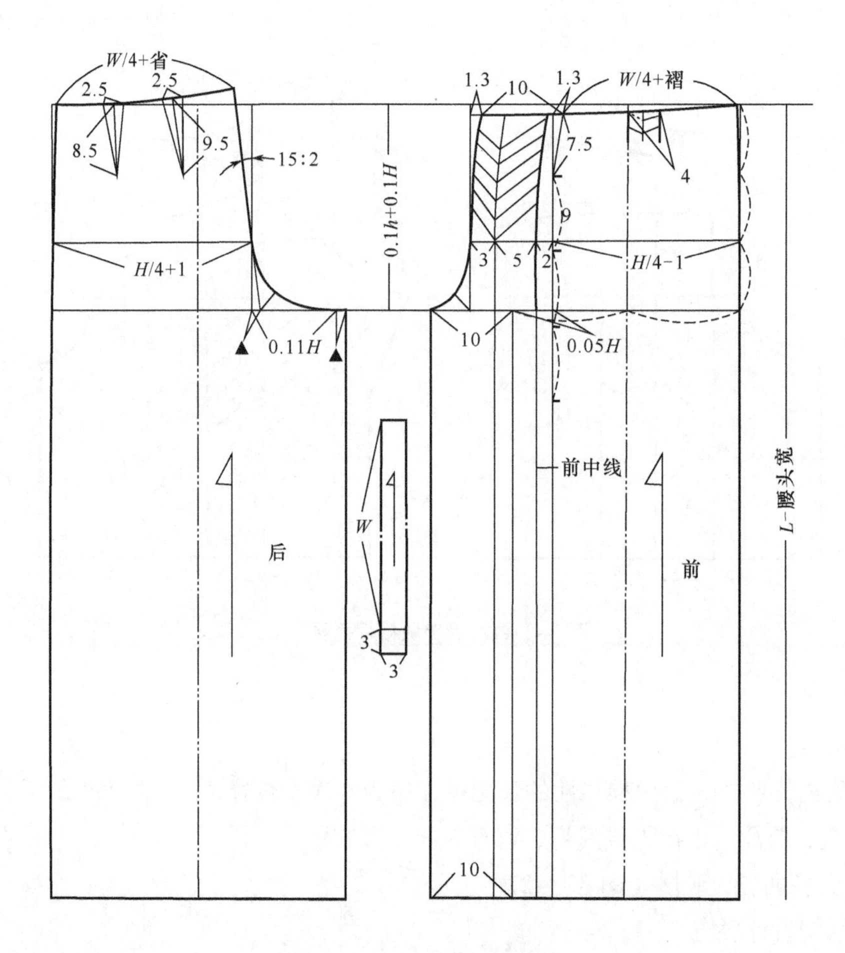

图 3-3-28 长裙裤结构图

裙裤腰头抽缩褶（图 3-3-29）。

（2）结构设计要点。

①上衣和裙子的基本纸样前、后中线分别对齐，上衣与裙子腰线间隔 2cm。

②前片胸部与裙裤连体，1cm 腰省量放至背带与其分割线中。

③前后裤片腰部侧缝处分别放出褶量 14cm。

（3）设定规格（表 3-3-13）。

表3-3-13 连体裙裤规格表 单位：cm

号 / 型	部位	裤长	腰围	臀围
160/84A	规格	50	68	90

（4）衣身与裤片结构图（图 3-3-30）及展开图（图 3-3-31）。

图 3-3-29 连体裙裤款式图

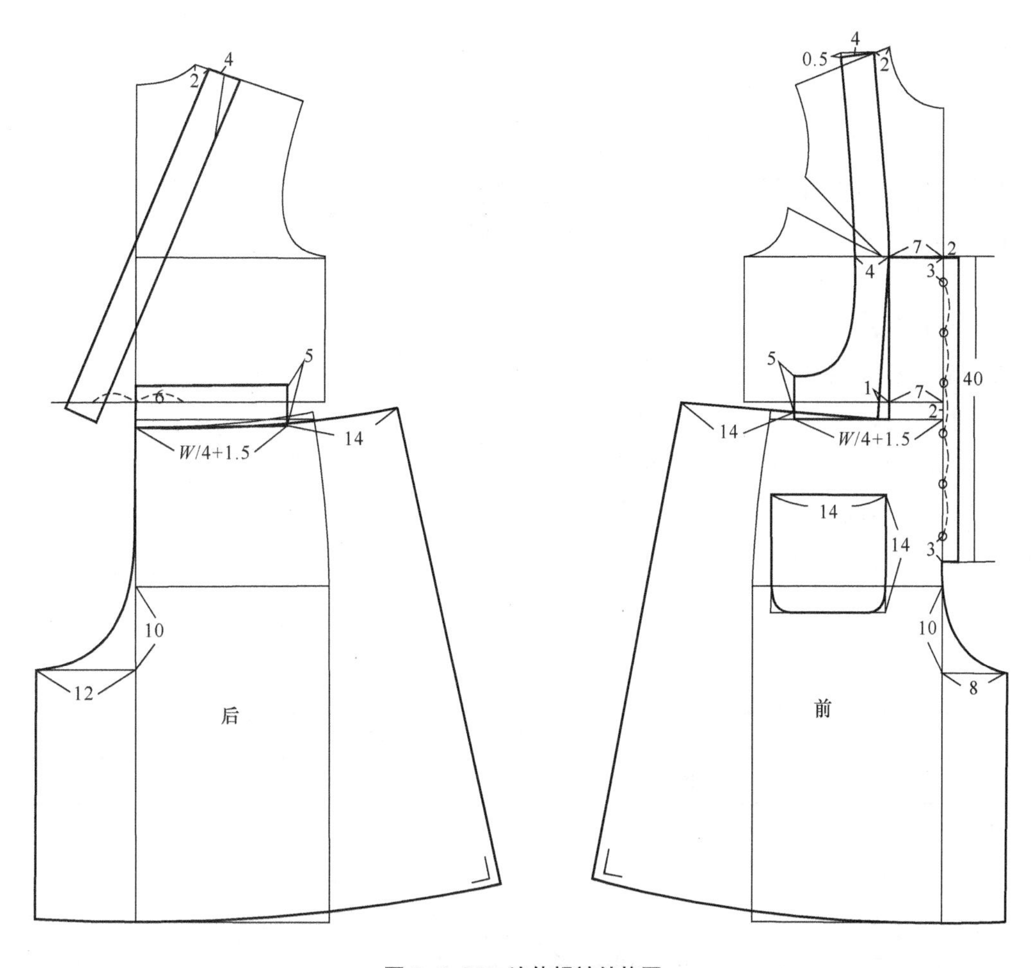

图 3-3-30　连体裙裤结构图

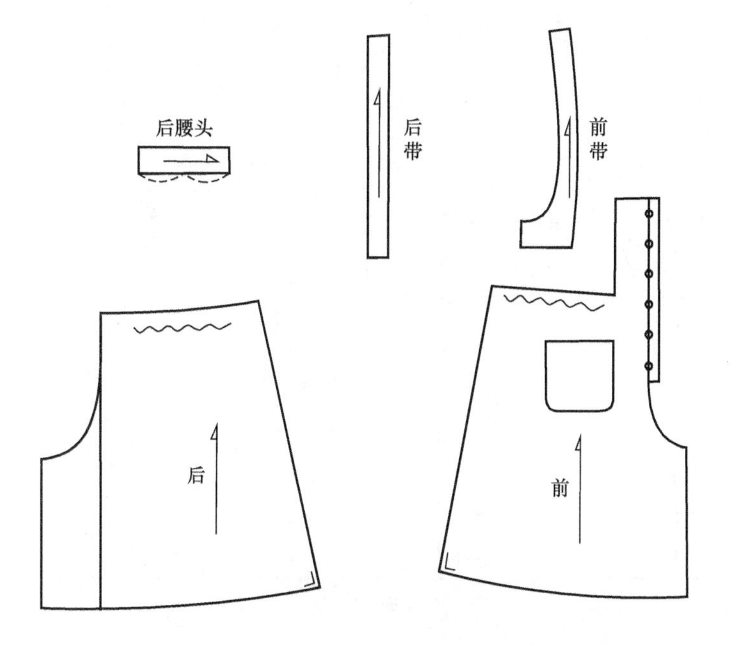

图 3-3-31　连体裙裤展开图

五、菱形裤

1. 斜襟时装裤

（1）款式特点。外轮廓呈菱形的一款时尚女款。无腰，前右裤片双层，门襟装隐形拉链，外层中心向外斜出形成斜门襟，在腰部成自然垂褶。大腿中部在侧缝处隆起，逐渐向下收至脚口（图 3-3-32）。

（2）结构设计要点。

①前后侧缝中裆线向上 12cm 处向外放出 10cm，改变侧缝线造型。

②右裤片双层，外层前中心横裆线向下 15cm 向外 5cm 处向上斜向放出至左侧腰节位，并抬高 6cm 形成自然垂褶量。

（3）设定规格（表 3-3-14）。

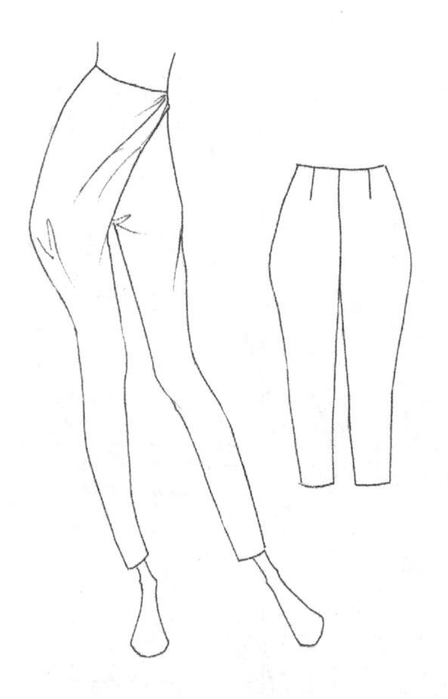

图 3-3-32　斜襟时装裤款式图

表3-3-14　斜襟时装裤规格表　单位：cm

号 / 型	部位	裤长	腰围	臀围	中裆	脚口
160/66A	规格	100	68	96	22	22

（4）结构图（图 3-3-33）。

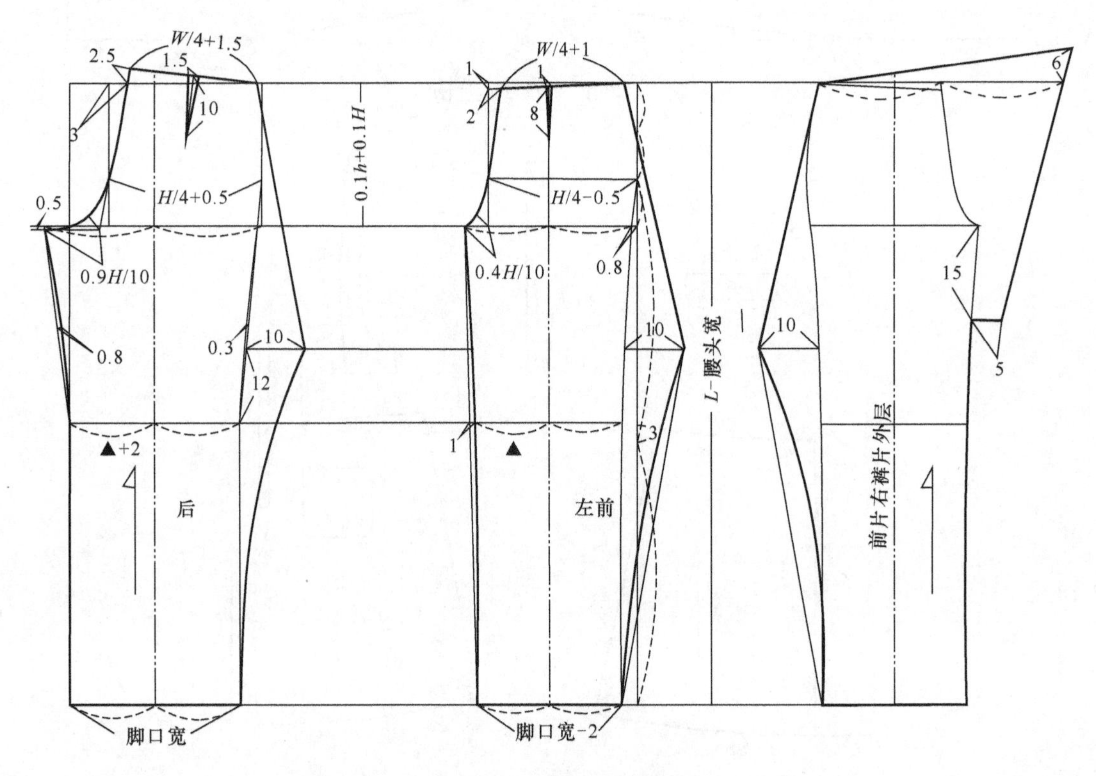

图 3-3-33　斜襟时装裤结构图

2. **马裤**

（1）款式特点。古代欧洲男士骑马时穿用的马裤，具有良好的运动机能。腰部收紧，两侧逐渐向下隆起至膝关节，小腿呈贴体造型，形成上下两头紧身，中间肥大的菱形状（图3-3-34）。

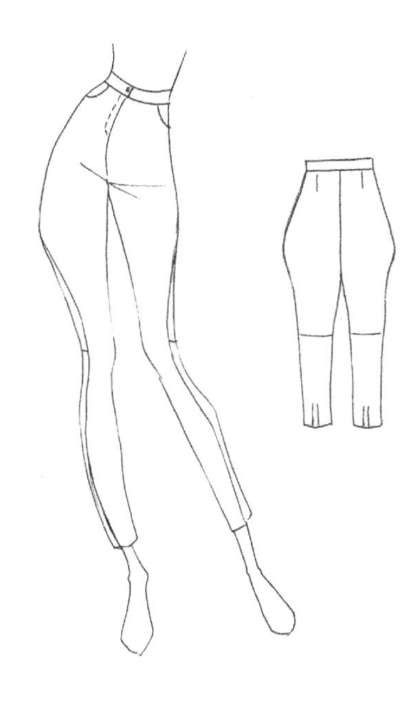

图 3-3-34　马裤款式图

（2）结构设计要点。

①使用前裤片基本纸样，固定下裆线与中裆线交点，将原髌骨点下移 1cm（增加量为髌骨处凸量），产生新的挺缝线、裤口线、下裆线。

②以新挺缝线与新裤口线交点为基准向右取裤口 1/4 大，向左取 2cm 为前裤口宽。

③新中裆线向下平移 3.5cm 定前中裆大为前裤口宽 +1。

④前腰省转至侧缝线处，依次画顺前侧缝弧线。

⑤后裤口 = 裤口 3/4-2cm，后裤口三等分，确定裤口省省位，省大 2.5cm。

⑥后中裆大为后裤口宽 +1；中裆处横向分割，弧线画顺，注意上下中裆曲线长度应基本相等。

⑦调整和修正对应线长度。

（3）设定规格（表 3-3-15）。

表3-3-15　马裤规格表　　单位：cm

号 / 型	部位	裤长	腰围	臀围
160/84A	规格	96	68	112

（4）裤片结构图（图 3-3-35）及展开图（图 3-3-36）。

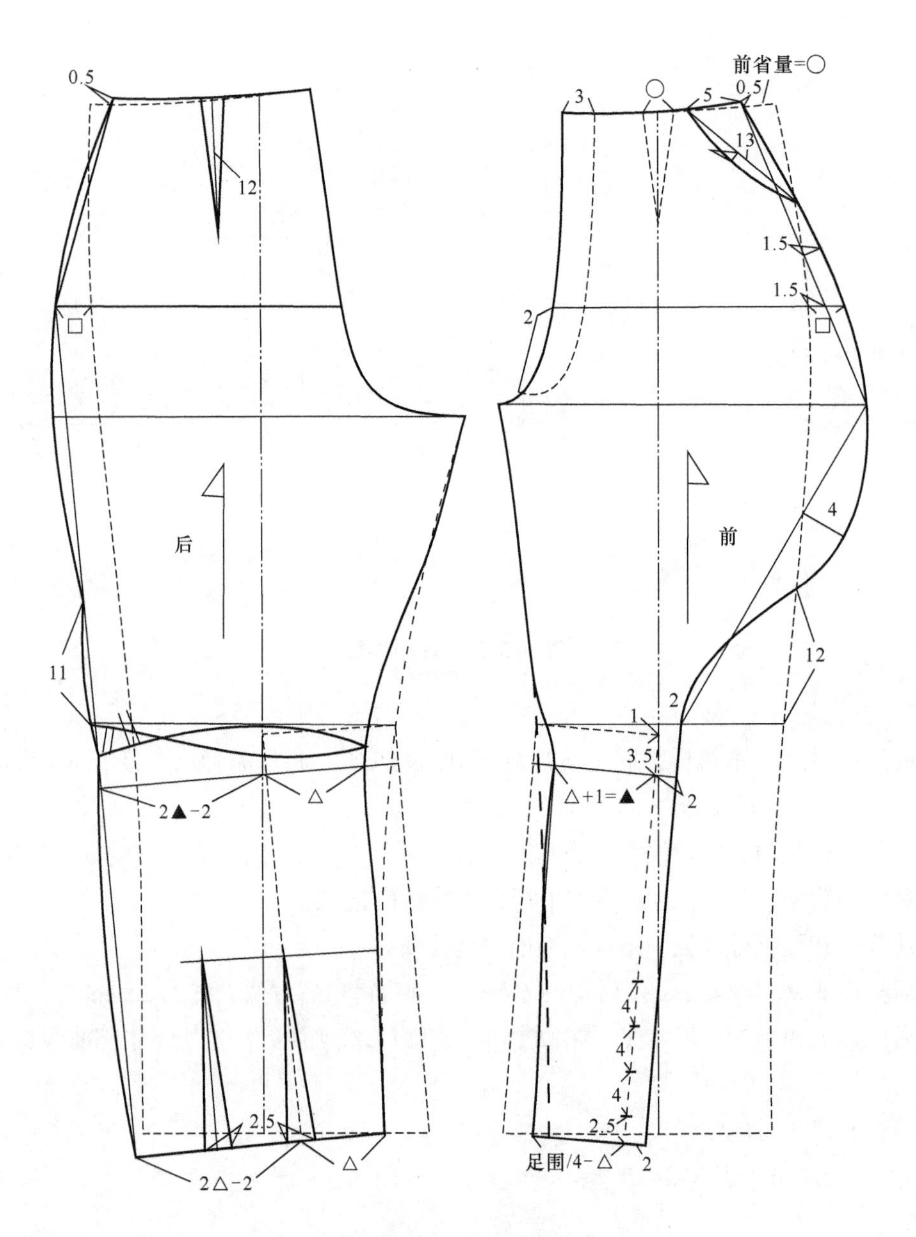

图 3-3-35 马裤结构图

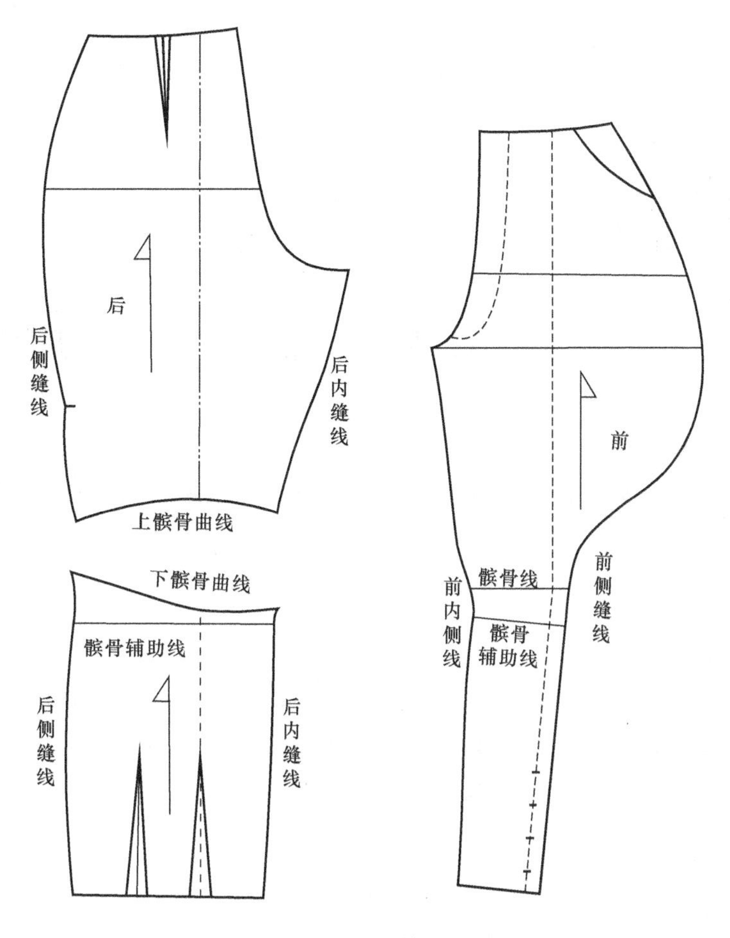

图 3-3-36　马裤展开图

思考练习题

1. 裤装可按哪几种形式分类？
2. 后裆缝斜度变化与人体有何关系？
3. 女裤纸样设计时，如何确定臀围放松量？
4. 裤子为什么要起后翘？后翘与款式有何关系？
5. 选择本章的裤款进行结构制图与纸样制作，制图比例分别为 1 ∶ 1 和 1 ∶ 5。
6. 收集整理时尚流行裤款，选择 3 ～ 5 款进行结构制图与纸样制作。

第四章　女装基本纸样设计

第一节　衣身基本纸样与设计原理

一、衣身基本结构

衣身基本型是覆盖腰节以上躯干部位的基本样板。本书是以日本第八代文化式原型为标准制作样板。

1．**制图规格**　见表4-1-1。

表4-1-1　原型规格表　　单位：cm

号型	部位	背长（BAL）	胸围（B）	腰围（W）
160/84A	规格	38	84	64

2．**制图方法及步骤**

（1）绘制基础线。

①如图4-1-1所示，以A点为后颈点向下取背长38cm作为后中心线。

②画WL水平线，并确定身宽（前后中心之间的宽度）$B/2+6$cm。

③从A点向下取$B/12+13.7$cm确定胸围水平线BL，并在BL上取$B/2+6$cm。

④垂直WL画前中心线。

⑤在BL上，由后中心向前中心方向取背宽线$B/8+7.4$cm确定C点。

⑥经C点向上画背宽垂直线。

⑦经A点画水平线与背宽线相交。

⑧由A点向下8cm处画一水平线与背宽线相交于D点。将后中心线至D点的中点向背宽方向取1cm确定为E点作为肩省省尖点。

⑨过C、D两点的中点向下0.5cm的点作水平线G线。

⑩在前中心线上从BL线向上取$B/5+8.3$cm，确定B点。

⑪通过B点画一条水平线。

⑫在BL线上由中心线取胸宽为$B/8+6.2$cm，并由胸宽的中点位置向后中心线方向取0.7cm作为BP点。

⑬画垂直的胸宽线，形成矩形。

⑭在BL线上，沿胸宽线向后取$B/32$作为F点，由F点向上作垂直线与G线相交得

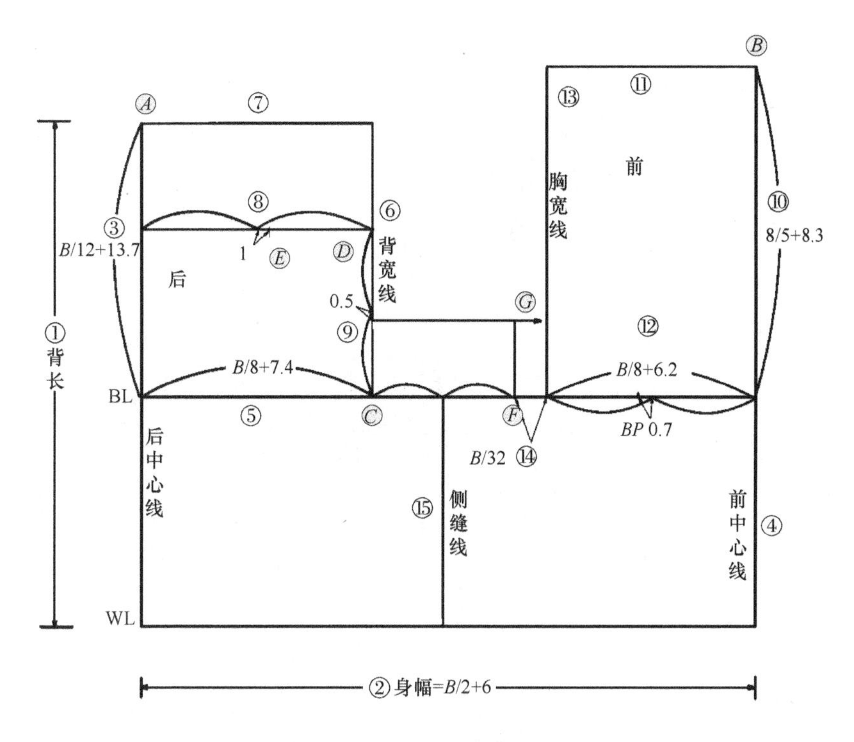

图 4-1-1　原型基础线图

G 点。

⑮沿 CF 的中点向下作垂直的侧缝线。

（2）绘制轮廓线。

①如图 4-1-2 所示，绘制前领口弧线。由 *B* 点沿水平线取 *B*/24+3.4cm（前领口宽），得 SNP 点。由 *B* 点向下取前领口深◎ +0.5cm 画领口矩形，依据对角线的参考点画圆顺前领口弧线。

②给制前肩线。以 SNP 为基准点取 22° 的前肩倾角度，与胸宽线相交后延长 1.8cm 形成前肩宽度△。

③绘制后领口弧线。由 *A* 点沿水平线取◎ +0.2cm（后领口宽），取其 1/3 作这后领口深的垂直长度，并确定 SNP 点，画圆顺后领口线。

④绘制后肩线。以 SNP 为基准点取 18° 的后肩倾斜角度，在此斜线上取△ + 后肩省（*B*/32–0.8cm）作为后肩宽度。

⑤绘制后省。通过 *E* 点，向上作垂直线与肩线相交，由交点位置向肩点方向取 1.5cm 作为省道的起始点。并取 *B*/32–0.8cm 作为后肩省道大小，连接省道线。

⑥绘制后袖窿弧线。由 *C* 点以 45° 作斜线，在线上取▲ +0.8cm 作为袖窿参考点，以背宽线作袖窿弧切线，通过肩点经过袖窿参考点画顺后袖窿弧线。

⑦绘制胸省。由 *F* 点以 45° 作倾斜线，在线上取▲ +0.5 作为袖窿参考点，经过袖窿深点、袖窿参考点和 *G* 点画圆顺前袖窿弧线的下半部分。以 *G* 点和 BP 点连线为基准线，向上取（*B*/4–2.5cm）° 夹角作为胸省量。通过胸省长的位置点与肩点画顺袖窿线上半部，注意胸省合并时袖窿线要圆顺。

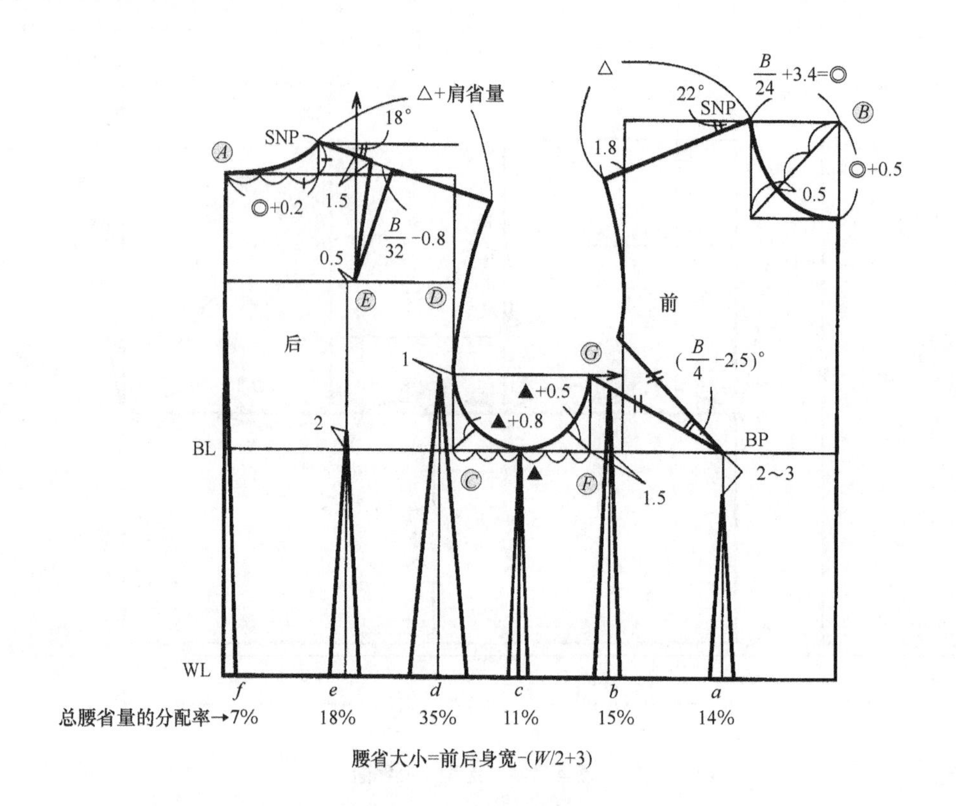

图 4-1-2 原型结构图

⑧绘制腰省。各省量以总省量为依据参照比例计算，以省道中心线为基准，在其两侧取等分省量。

a 省：由 BP 点向下 2 ～ 3cm 作省尖，向下作 WL 垂线作省道中心线。

b 省：由 *F* 点向前取 1.5cm 作垂直线与 WL 线相交，作为省道中心线。

c 省：将侧缝线作省道中心线。

d 省：参考 *G* 线的高度，由背宽线向后中心方向取 1cm，由该点向下作垂线交于 WL 线，作省道中心线。

e 省：由 *E* 点向后中心线方向取 0.5cm 作为省中心线，省尖位于 BL 上 2cm，省量为总的 18%。

f 省：将后中心线作为省道的中心线。

二、衣身主要部位分析

衣身是服装造型变化中较为复杂的部位，要想灵活准确地掌握各种形式的纸样变化必须研究衣身主要部位的构成原理，理解其变化规律。

1. 领口造型

领口在结构上虽然简单，但在人们的视觉中较为敏感，它能反映出纸样设计者的灵动之处。领口的形状与人体颈部生长密切相关，将颈根部横断面按人体颈肩点及前后中心线展开，会发现人体颈围的轮廓线是前面稍尖，后面扁圆。它的形状正是原型基本纸样的领口，也称标准领口。它不代表任何款式，只是说明颈根部在衣片上所处的位置与形状，是装缝衣领的结构线，如图 4-1-3 所示。

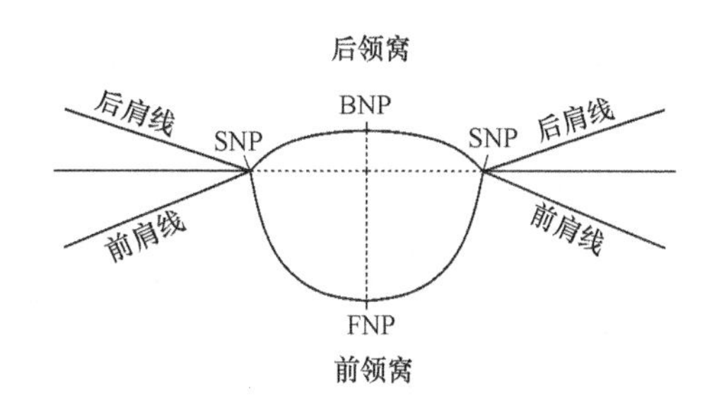

图 4-1-3　领口造型图

标准领口是表示领口的最小尺寸，如在原型的领口上装上衣领，成品就是合体式的，衣领贴近颈部。但是这并不意味着选择小于标准领口的设计就缺乏合理性，当纸样领口线的设计高于标准领口线时，一要适当扩展领口宽度，如一字领的领口；同样，领口变窄，则需开深领口。二要充分认识领口变形时的立体结构，当标准领口线上升程度较为明显时，其领口则成为事实上的立领结构，但立领和衣片相连，因此这种结构又叫做连立领。

纸样设计中领口线造形变化多样，有圆形、方形、自由形。在结构上只要领线的开口宽度不超过肩宽，领深的开度前部一般不能超过胸罩的上口线，后部一般不能超过腰节线。领线的开口符合文化习俗要求，符合审美特性的各类线形均可设计。

2. 肩部造型

肩部是上装结构中的重要部位，肩线应符合人体体型的自然状态。肩线的正常位置是在人体肩部厚度的中间，它的位置可随着款式变化而前后移动，可以是肩端点一侧前后移动，也可以是颈侧点和肩端点同时前后移动，形成借肩的形式。由于人体的肩端略向前弯曲呈弧形形态，后肩线处除了收肩省外，其长度应长于前肩线 0.5cm 左右。

在上装纸样设计中掌握好肩斜度是非常重要的，女性人体的肩斜度一般是 20°，上装纸样设计中前片肩斜度约 22°，后片肩斜度约 18°。平肩体型者肩斜度略小，溜肩体型者肩斜度略大。适当地抬高肩斜度，可以增加服装的宽松量，便于穿着者上肢抬举，活动不受牵制。

落肩是绘制肩线的一个重要因素，它的大小受有无垫肩的影响。垫肩的厚度一般在 0.5 ~ 2.5cm 之间，要根据使用垫肩的厚度来减小落肩尺寸，减小的量约为垫肩厚度的 0.7 倍。

3. 袖窿造型

袖窿是由胸宽、背宽及袖窿宽所组成的，袖窿各部位在前、后衣片上的分配数值，是前后衣片获得平衡的重要因素。在胸围相同、合体程度相同的条件下，随着体型厚薄不同，胸背宽与袖窿宽随之发生变化。体型较薄的扁平体胸背宽尺寸相对增加，袖窿宽尺寸减小；体型浑厚的圆胖体胸背宽尺寸相对减少，使得袖窿宽尺寸增大。

基本纸样袖窿和领口相同，都处在极限状态，是最小尺寸，因此缩小袖窿尺寸是很有限的。袖窿开度是指在基本袖窿的基础上开深或开宽，袖窿开宽不超过颈侧点，而开深的幅度几乎是没有限制的。其大小主要根据服装款式、风格而定，同时还需考虑体型、年龄等因素，合体式的服装袖窿深相应浅些，宽松式的则相应深些，如图 4-1-4 所示。

冲肩为肩端点至胸、背宽线的垂直距离，根据体型及造型要求，前冲肩值应大于后冲肩值。

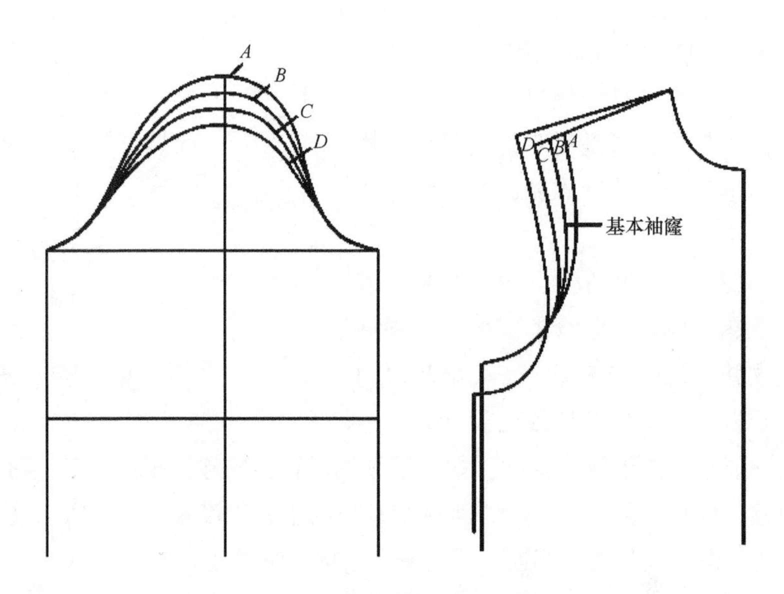

图 4-1-4　袖窿与袖山造型图

纸样设计时，较宽松的服装一般需将衣片的肩宽增大，背宽和胸宽也随之增大，袖窿深增加，前后冲肩量则可缩小。

4. **省的构成**

服装要做得既合体又立体，利用省道来完成是最常用的手段。所谓“省道”就是用平面的布包覆人体某部位曲面时，根据曲面曲率的大小而折叠缝合进去的多余部分。服装省道依人体部位可分为胸省、腰省、肩省、袖省、肚省、臀省等，省道的形状可根据体型和造型要求设置，常见的有橄榄形省、锥形省、子弹形省等。

人体上凹凸不平的曲面较多，尤其是女性的体型曲线最为明显。在纸样设计时通常用收省来使之隆起形成锥面并收掉多余的部分，使之更好地贴合人体，达到立体效果。当然，省的设计绝不能盲目，以自然巧妙地满足人体曲面的优美为原则，省的方向一般指向人体突出点，也可以稍作偏离，同时省尖在任何时候都应与突出点保持一定的距离，这个距离要视省道的位置大小、长度来决定，一般胸省距离 BP 点 3 ~ 5cm。

胸省可围绕BP点作360° 旋转，省道转移后、前角度不变，但大小会发生变化，省道越长，省量越大。根据款式设计的要求，可将省道转移到所设计的位置，无论省道设置在哪个位置，只要省尖点指向 BP 点，角度不变，胸部的立体造型就不会改变。

第二节　袖子基本纸样与设计原理

袖子是装缝在衣身袖窿上的或与衣身袖窿相连的服装主要部件之一，具有保护上肢、装饰美化手臂的功能，也是上装纸样设计的重要变化因素。袖子的结构按服装行业习惯可分为袖山和袖身两个部分。

一、袖子分类

袖子的款式繁多，根据不同的观察角度，有以下分类形式。

1. **按照衣袖袖山与衣身的相互关系分类**　大体可以划分为两类，即上袖（装袖）类和连袖类。

上袖类按照袖山形状分为平袖和圆袖。平袖组装后袖山部分比较平顺，缝缩量很小，如宽松的一片袖和衬衫袖；圆袖组装后袖山部分比较圆润，缝缩量较大，如合体的一片袖和两片西服袖。

连袖类又分为连身袖和分割袖两类。连身袖是将袖子与衣身组合连成一体形成的袖型；分割袖是在连身袖的基础上将袖身重新分割后形成的袖型，可分为插肩袖、半插肩袖、落肩袖及覆肩袖。

2. **按照衣袖的长度分类**　可分为无袖、盖肩袖、短袖、五分袖、七分袖、九分袖、长袖等，如图 4-2-1 所示。

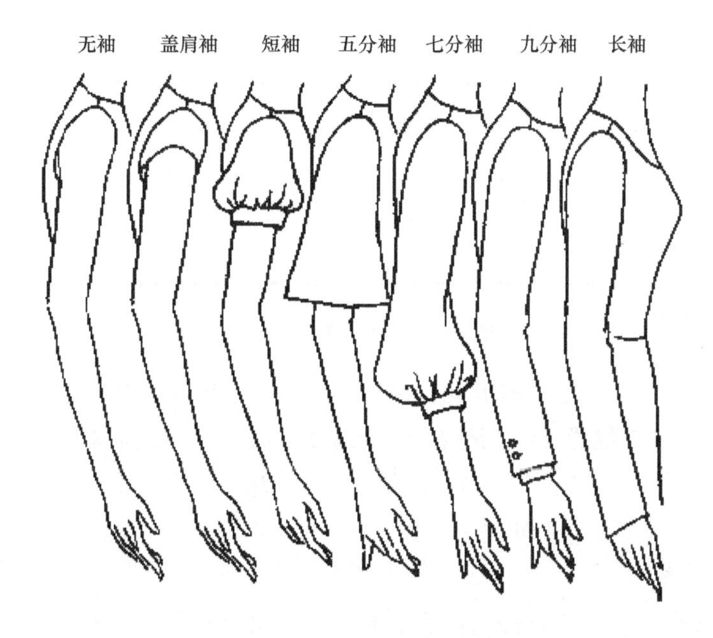

图 4-2-1　袖子长度分类图

3. **按照袖片构成数量分类**　可分为一片袖、两片袖和多片袖等。

4. **按照衣袖外观分类**　可分为羊腿袖、花瓣袖、蝙蝠袖、喇叭袖、灯笼袖等。

二、袖子基本结构

袖子结构是上装纸样设计中最为复杂的，袖山和袖窿的吻合是设计重点，它不但要求两者在长度上的吻合，还要根据款式在结构上相吻合。

1. **袖子基本型规格** 见表4-2-1。

表4-2-1 袖子规格表 单位：cm

号型	部位	袖窿弧长	袖长（SL）
160/84A	规格	AH	54

2. **制图步骤**

（1）绘制基础线。

①拷贝衣身原型的前后袖窿，将前袖窿省闭合，画圆顺前后袖窿弧线，如图4-2-2所示。

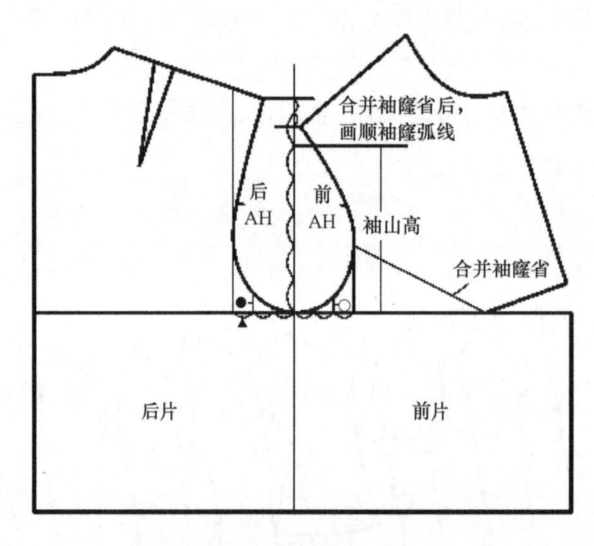

图4-2-2 原型胸省合并图

②确定袖山高度，将侧缝线向上延长作为袖山线，并在该线上确定袖山高。方法是：计算由前后肩点高度的1/2位置点到BL线之间的高度，取其5/6作为袖山高。

③确定袖肥，由袖山顶点开始，向前片的BL线取斜线长等于前AH，向后片的BL线取斜线长等于后AH+1cm+★（★为修正系数，不同胸围对应不同★值）在核对袖长后画前后袖下线。

（2）绘制轮廓线。

①如图4-2-3所示，将衣省袖窿弧线上●～○之间的弧线拷贝至袖原型基础框架上，作为前、后袖山弧线的底部。

②绘制前袖山弧线。在前袖山弧线上沿袖山顶点向下取AH/4的长度，由该位置点作袖山的垂直线，并取1.8～1.9cm的长度，沿袖山斜线与*G*线的交点向上1cm作为袖窿弧线的转折点，经过袖山顶点和两个新的定位点及袖山底部画圆顺前袖窿弧线。

③绘制后袖山弧线。在后袖山斜线上沿袖山顶点向下量取前AH/4的长度，由该位置作后袖山斜线的垂直线，并取1.9～2cm的长宽，沿袖山斜线和*G*线的交点向下1cm作为后袖窿弧线的转折点，经过袖山顶点、两个新的定位点及袖山底部画圆顺后袖窿线。

④确定对位点。前对位点，在衣身上测量侧缝至*G*点的前袖窿弧线长，并由袖山底部向上量取相同的长度确定前对位点。后对位点，将袖山底部画有●印的位置点作为对位点。

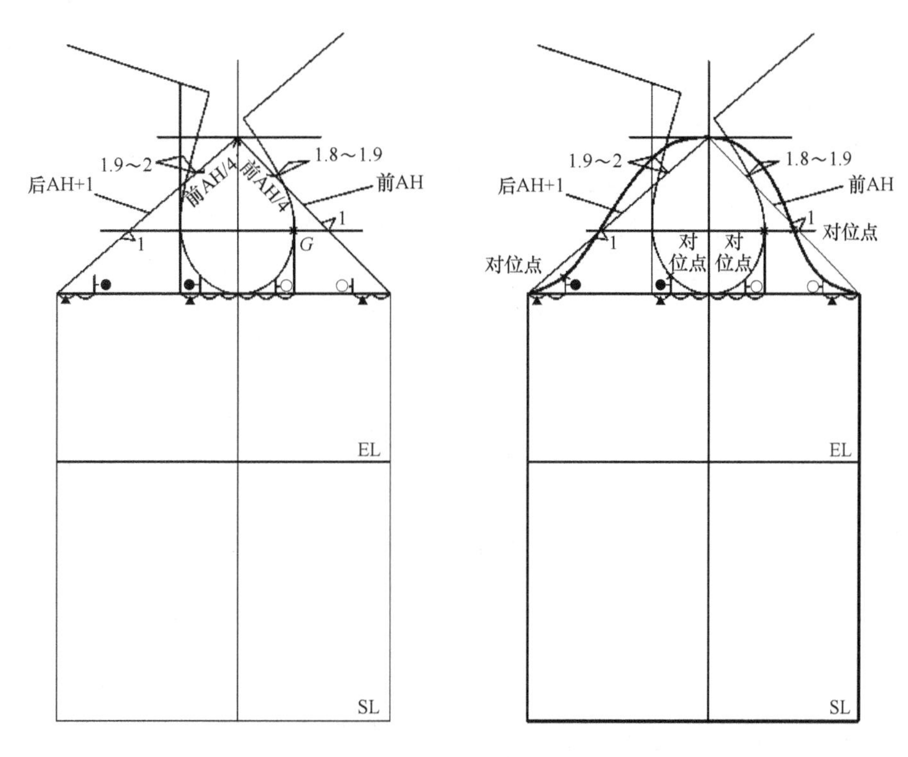

图 4-2-3　袖子结构图

三、袖子主要部位分析

1. 袖山

袖子造型结构变化的关键是袖山曲线曲度的变化，袖山曲线的时而突兀，时而平缓，形成了不同的衣袖外形。袖山高的变化是袖山曲线曲度变化的根本原因，它的高低变化与衣袖的合体和宽松程度有直接关系，而袖山高是由袖窿深、装袖角度、装袖位置、垫肩厚度、装袖缝型、衣料厚薄等因素决定的。

袖窿深应在人体腋窝下方，其开深程度由衣着层次、款式特征决定。袖山高与袖窿深是相互制约的关系，不论袖子如何变化，最终袖子的袖山曲线与衣片的袖窿曲线长度要吻合。

装袖角度即为衣袖成型的角度，如图 4-2-4 所示，袖子基本纸样的袖山高 AH/3 所形成

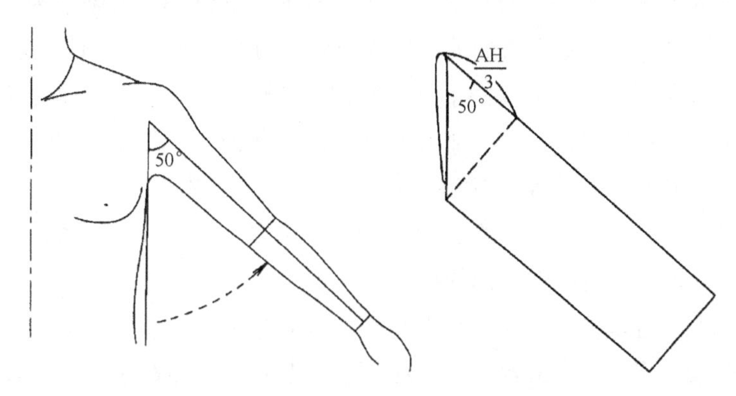

图 4-2-4　装袖角度图

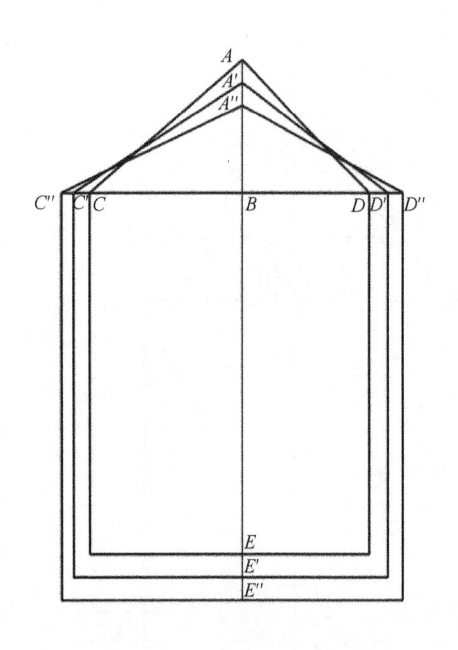

图 4-2-5　袖山高与袖肥关系图

的装袖角度接近 50°，正好是手臂的中间状态。宽松的衣袖袖山低，装袖角度大，袖子下垂时，衣服会产生皱褶；合体的衣袖袖山较高，装袖角度小，手下垂时，衣袖的成型较为美观。

2. **袖山高与袖肥**

袖肥是以上臂围为依据，在上臂围度最大处加上必要的松量形成。原则上讲袖山弧形与袖窿弧线的长度应是相同的，否则无法缝合。因此，袖山与袖窿曲线在长度上虽然不能改变，但袖山高与袖肥是可以变化的。如果 *AH* 值不变，袖山高越大，袖肥则越小；袖山高越小，袖肥越大；袖山高为零时，袖肥达到最大值，如图 4-2-5 所示。

袖山高的大小制约着袖子和衣身的贴体程度。如图 4-2-5 所示，袖山加深，衣袖瘦而合体，腋下平服，肩角清晰美观；袖山变浅，衣袖肥而不贴体，腋下易形成褶皱，肩角模糊含蓄。由此可见，纸样设计时，礼服、制服等庄重类服装应将袖山高增大，而休闲装、运动服等便装需将袖山高减小。

3. **袖山与袖窿**

袖山高与袖肥成反比的制约关系显而易见，但在贴体度、运动功能及舒适性方面却还有待研究。在前面所讲的袖山高与袖肥的变化关系中，袖山高与袖肥的改变是在 AH 值不变的前提下，并没有考虑到袖窿的深浅和形状；也就是说，袖山高低与袖子肥瘦在变化时，袖窿完全没有改变，这是完全不符合服装纸样结构设计的科学性与艺术性的，也不符合人体对服装舒适性和运动功能的要求。

按照袖山高制约袖肥和贴体度的结构原理，它对衣身的袖窿也有所制约。如图 4-2-6 所示，在宽松类服装纸样设计中，选择低袖山结构，袖窿深则应开得深度大，宽度小，呈窄长型袖窿；在合体类服装中，选择袖窿深则越贴近腋窝，其形状接近基本袖窿的椭圆形。当袖山高接近人体最大值时，衣袖和衣身为贴身状态，袖子的装袖角度最小，袖窿最为靠近腋窝，此时衣袖的活动功能为最佳，服装腋下表面的结构犹如人体的第二皮肤。若袖山很高，袖窿也很深，此时结构上袖窿底部远离腋窝而靠近前臂，衣袖虽然贴体，但手臂上抬时会受到袖窿底部的牵制，且袖窿越深，牵制力越大。当袖山很低时，衣袖呈外展状，如果此时仍采用基本袖窿，手臂下垂时腋下会堆积很多余量，影响美观度与舒适性（图 4-2-6）。因此，袖山高小的袖子应和袖窿深度大的细长型袖窿匹配，直至袖山高为零，袖中线和肩线形成一条直线，袖窿的作用随之消失，形成了传统中式袖的结构。

总之，袖山与袖窿的关系用一句话总结，“弯对弯，平对平”。袖窿形状越细长，袖山高越小，袖山曲线越平缓，服装越宽松；袖窿形状越接近基本袖窿，袖山高越大，袖山曲线弯度越明显，服装越合体。

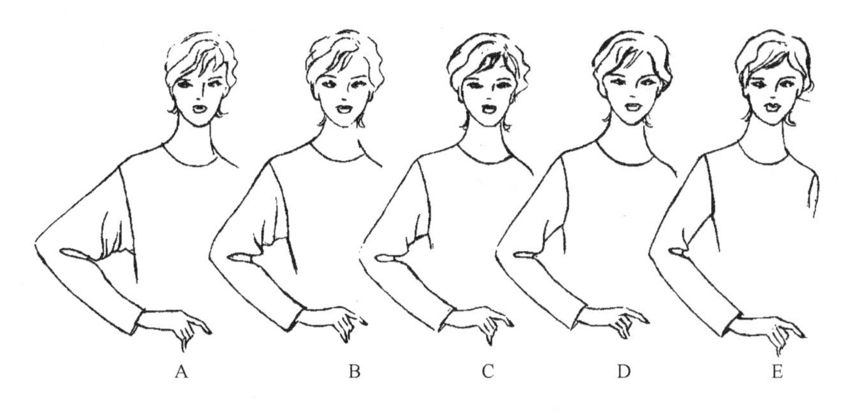

图 4-2-6　袖山与袖窿关系着装图

第三节　衣领基本纸样与设计原理

衣领的结构造型受流行趋势、服装整体搭配、设计效果等因素影响，研究衣领的结构是上装结构设计的重要内容之一。

一、衣领分类

领子的种类繁多，各种领型又有不同的造型变化。

1. 按衣领基本结构分类

衣领的组成部分大致包含领窝、领座和领面结构，所以大致可分为无领、立领和翻领。

（1）无领。也称领口领，只有领窝线，没有领座和领面结构。款式有：圆领、U 形领、V 形领、方形领、鸡心领、船形领等，如图 4-3-1 所示。

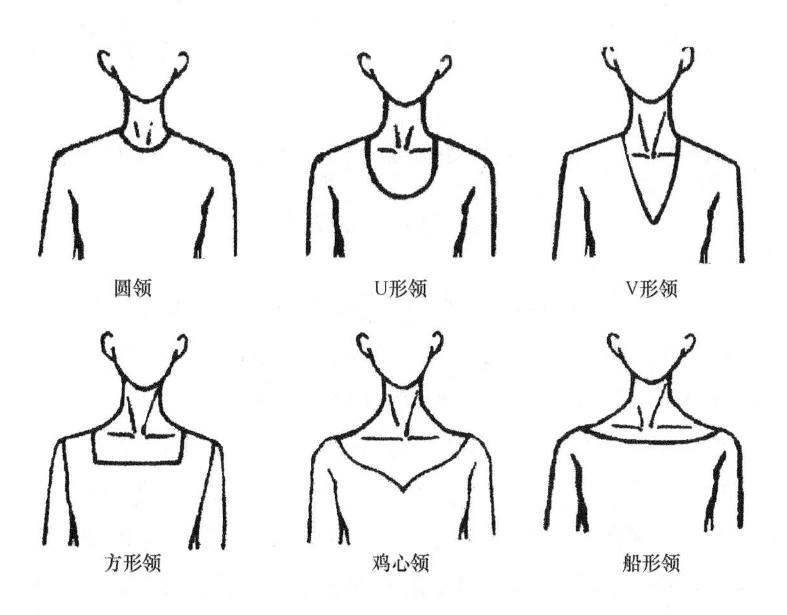

图 4-3-1　无领款式

①圆领：领口呈圆形的领口线，小的领口显得朴实，大的领口显得袒露。

② U 形领：U 形的领围线。前直开领较大，给人以成熟的感觉。

③ V 形领：V 形的领围线。同 U 形领一样，前直开领较大，给人以成熟的感觉。

④鸡心领：心形的领围线。横开领较宽，前直开领较大。

⑤方形领：方形的领围线。

⑥船形领：也称一字领。横开领较宽，前直开领按原型或在原型基础上提高，领围线水平呈一字形或小船的底部。

（2）立领。即竖立状的领型。按结构分为单立领和翻立领；按是否与人体颈根围相符可分为正常型立领和变化型立领；按拼接方式可分为普通立领和连身立领。款式有旗袍领、学生装领、男式衬衫领、变化型立领、连身立领等，如图 4-3-2 所示。

①单立领：只有领座，没有翻领结构的立领。如旗袍领，学生装领。

②翻立领：有领座，有翻领结构的立领，且领座和翻领分开裁剪。如男式衬衫领，中山装领。

③正常型立领：领围线与人体颈根围相符的立领。

④变化型立领：领围线与人体颈根围不在同一线上。

⑤连身立领：立领和衣身连成一片裁剪。

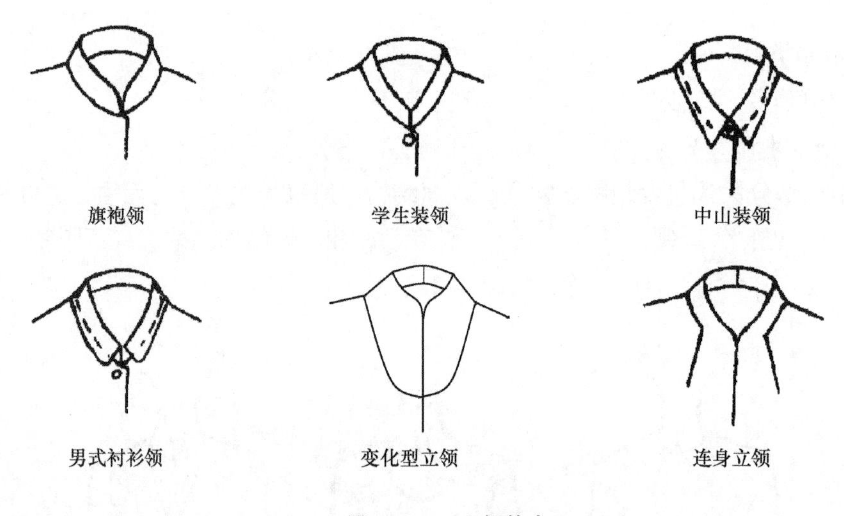

图 4-3-2 立领款式

（3）翻领。有领窝、领座和领面的衣领结构。按结构分类可分为平领、翻折领和翻驳领。款式有娃娃领、海军领、翻折领、平驳领、戗驳领、青果领等，如图 4-3-3 所示。

①平领：也称扁领。领座较低，领面自然服帖在衣身上的领型，如关门领、海军领。

②翻折领：由领面和领座构成，领座和领面为一个整体，翻领与衣身连起来可以翻折的领型，如女式衬衫领。

③翻驳领：由驳领和翻折领组合而成，如平驳领、戗驳领、青果领。

2. **按款式特征分类** 可分为关门领、男式衬衫领、敞领、卷领、长方领、两用领、坦领、海军领等，如图 4-3-4 所示。

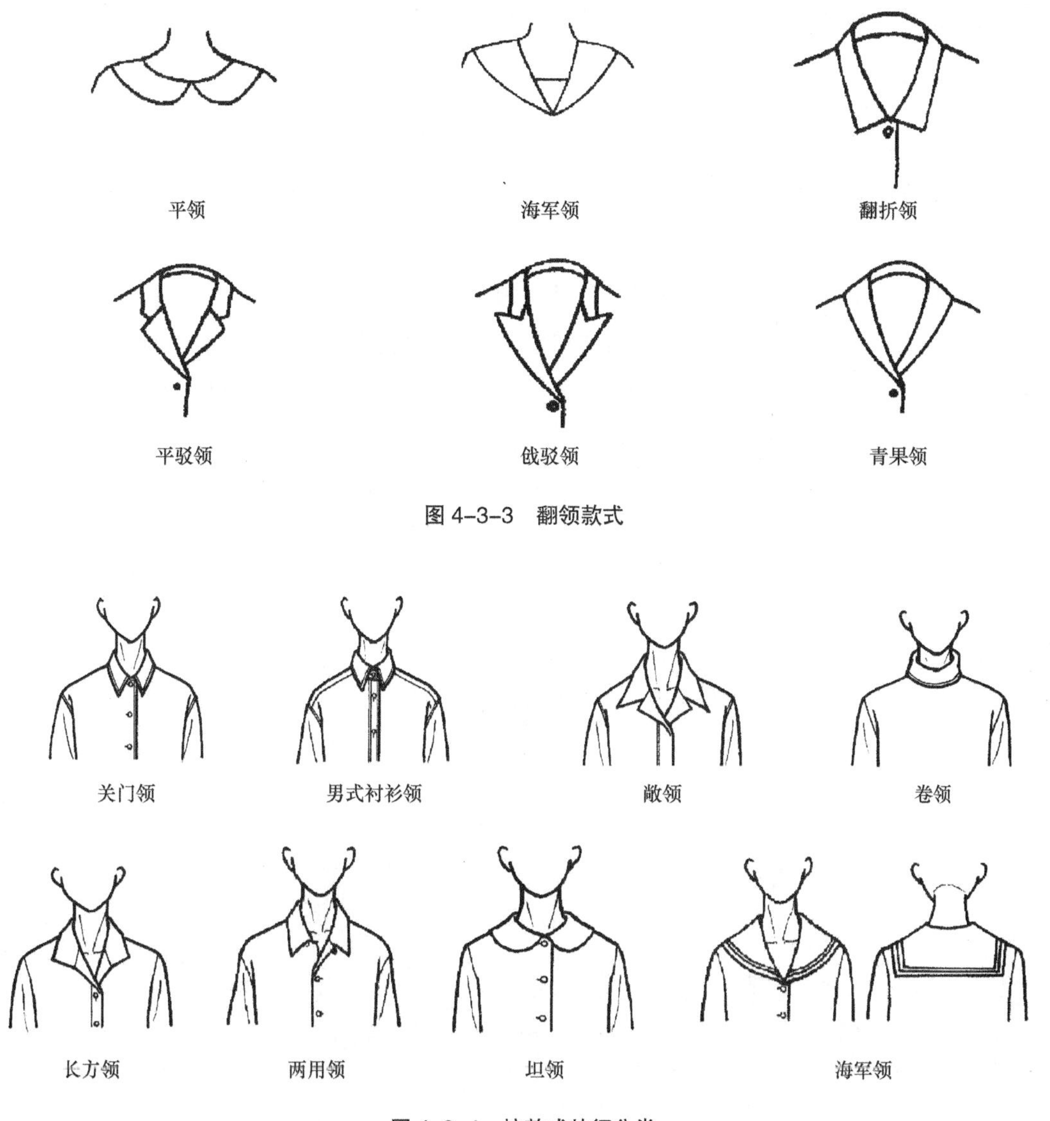

图 4-3-3　翻领款式

图 4-3-4　按款式特征分类

（1）关门领：最基本的领型，自然沿颈部一周，因领形较小，故有休闲、轻便的感觉。

（2）男式衬衫领：领座直立环绕颈部一周，翻领拼缝于领座之上的领型。

（3）敞领：翻领与衣身连裁出的驳头拼缝而成有领缺嘴的领型，穿着时敞口敞开，故称敞领。带这样领子的衬衫称为开领衬衫。

（4）卷领：翻卷直立于颈部一周的领型，使用斜裁布会有比较柔软的效果，在后中心开口的情况较多。

（5）长方领：与敞领相同，领口呈敞开状，但没有领缺嘴。长方形的翻领与驳头拼缝在一起。

（6）两用领：第一粒纽扣可扣上，穿着亦可打开穿着的领子。第一粒纽扣扣上穿则成关门领，打开穿则成敞领，故称两用领。

（7）坦领：领座较低，平坦翻在衣身上，改变领宽与领外围形状会得到多种不同效果。

（8）海军领：前领围呈 V 形，而后领则呈四方形，并下垂为宽大的坦领。常见于海军或水手服，故由此得名。

二、衣领基本纸样设计

（一）无领

无领也称领口领，是指只有领窝线，没有领座和领面结构的领子。具有轻便、随意、简洁的独特风格。无领根据款式分为开襟式和套头式。在配制时，要注意前后领宽大小所涉及的服装合体、平衡、协调问题，如果领宽配制不当，会导致前领口中心处起空、荡开、不贴体。

1. 开襟式

无领开襟领口，在裁剪前片时要留出撇胸量，根据胸高程度留出 1 ~ 2cm，然后设计领宽、领深。门襟止口的上端有撇胸时，不能连贴边。设计方法如下：

（1）如图 4-3-5 所示，取前中心线和胸围线的交点 *O*，前直开领 *A*，前横开领 *B*，肩点 *C*。

（2）以 *O* 点为圆心，将 *BL* 线以上部分做逆时针旋转，上平线旋转的量为撇胸量，这样 *A* 点旋转到 *A′* 点；*B* 点旋转到 *B′* 点，*C* 点旋转到 *C′* 点。

（3）修正前中心线，领窝弧线、肩线，袖窿线。

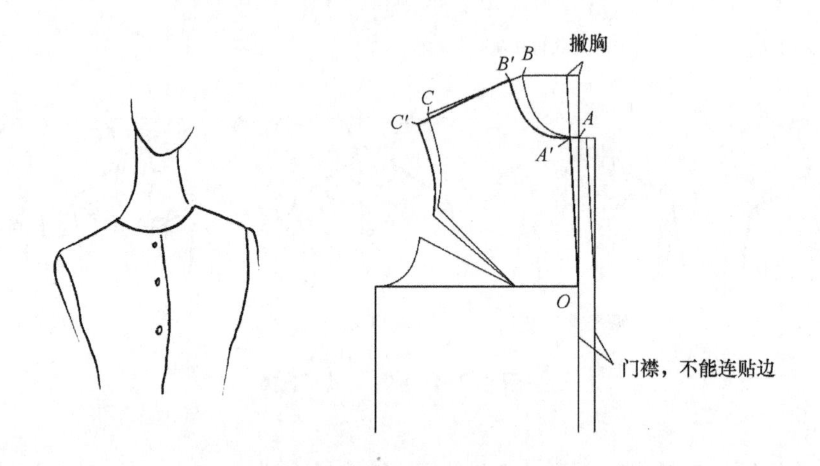

图 4-3-5　开襟式无领结构图

2. 套头式

无领套头领口，在裁剪前片时因为前中心无法抽掉撇胸，可将后领宽开宽于前领宽，使前后领宽有个差数，当肩缝缝合后，后领宽可将前领宽拉开，起到撇胸的作用，使前中心领口处贴体。

横开领的宽度一般为 10 ~ 18cm，距离肩点 3 ~ 5cm，以保证领口造型的稳定性。当侧颈点远离颈根时，后横开领要大于前横开领，这样前领中心才不会起浮。直开领的开度前部一般不能超过胸罩的上口线，后部一般不能超过腰节线。

以一字领为例，设计方法如下：

（1）如图 4-3-6 所示，前横开领离肩点 3cm，前直开领上抬 1cm，由于一字领开口较大，因此把前肩线水平向内移动 1cm，把领口变小，作前领窝弧线。

（2）将后肩省量转移到后袖窿，取后横开领离肩点 3cm，后直开领下降 0.5cm，作后领窝弧线。

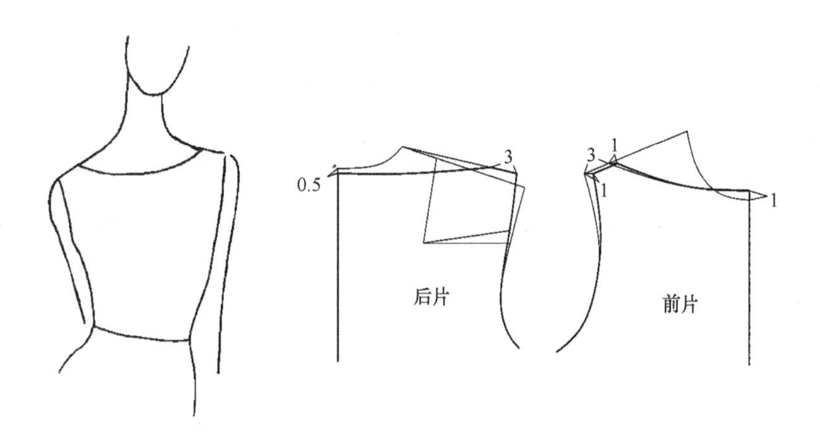

图 4-3-6　套头式无领结构图

（二）立领

立领又称企领，是指领子从领窝线直立、环绕颈部一周或大半周的领型，它具有端庄、严谨的特征，能体现东方女性的稳重。立领按其结构分类可分为单立领和翻立领。翻立领在单立领的基础上加上领面结构。

1. **单立领**

（1）分类。按其外轮廓线的造型和立体形态可分为垂直型、内倾型和外倾型。

①垂直型立领。垂直型立领的领底线和领上口线相等，如图 4-3-7 所示。

②内倾型立领。如图 4-3-8 所示，内倾型立领的领底线向上弯曲，立领上口变小。当立领的曲度越大，上口与底边的差越大，起翘越大，锥形特征越明显。立领上口围最小不能小于颈围。一般情况下，立领翘度 =（领口长 - 颈围）/2。

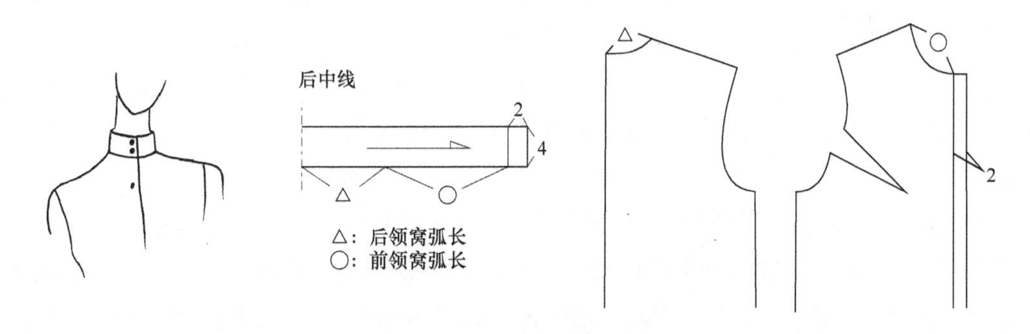

图 4-3-7　垂直型立领结构图

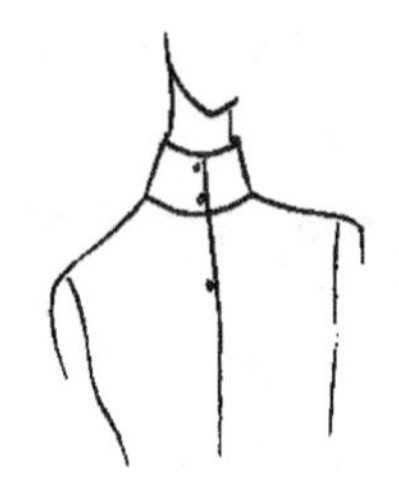

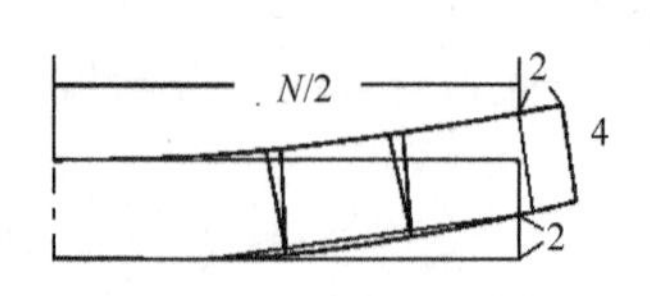

图 4-3-8　内倾型立领结构图

③外倾型立领。如图 4-3-9 所示，外倾型立领的前端向下翘，翘的越多，领外口越松。领底线下曲度越大，立领翻折量越多，当和领口曲线完全相同时，立领特点完全消失，成扁领结构。

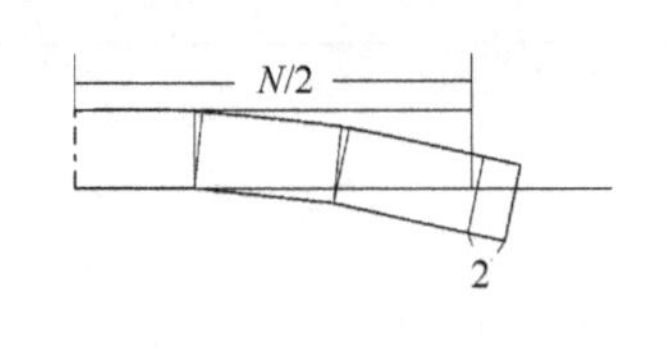

图 4-3-9　外倾型立领结构图

（2）设计方法。

①第一步，审视效果图，确定领子的立体形态及各部位尺寸。如图 4-3-10 所示，前倾角 α_1 为领子前部与中心线夹角，侧后倾角 α_2 为领子的侧颈部与水平线夹角。领子的上口围度为 L_2，领座线（下口线）围度为 L_1，根据上下口线的围度差可分为：

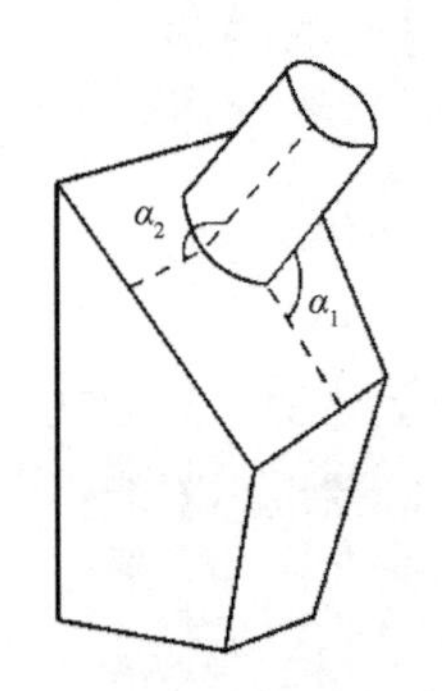

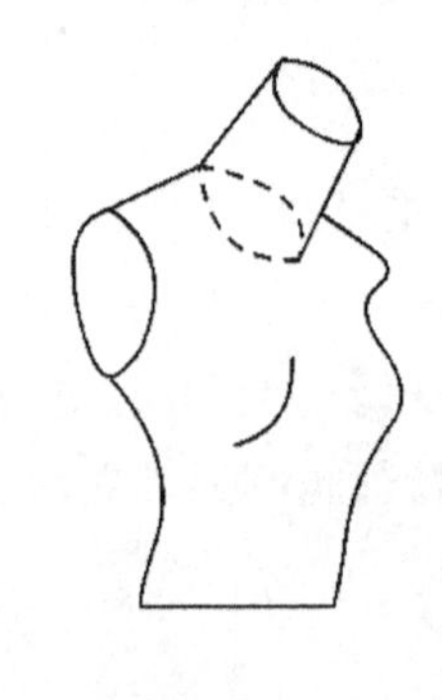

图 4-3-10　前后倾斜角示意

垂直型立领 $L_1=L_2$，$\alpha_1=\alpha_2=90°$；

内倾型立领 $L_1>L_2$，α_1，$\alpha_2>90°$；

外倾型立领 $L_1<L_2$，α_1，$\alpha_2<90°$。

②第二步，做出衣身上领窝线的形状，测出其大小，作为装领线的设计依据，领圈线一般都要经过修正，领圈线可以是弧形、半弧形、方角形。

若领高度≤ 4cm，领圈线可以不必修正，不影响正常活动；

若领高度＞ 4cm，修正领圈线，如领高若为 6cm，则前领口向下开深 2cm。

③第三步，做出相应的立领结构，立领结构图的绘制方法有两种，一种是独立制图法。它是根据立体着装效果，领上下口线差，凭借经验，确定装领线的翘度或弯曲度的大小及位置，具有简便、迅速的特点。另一种是依靠前衣身的制图方法，它更有助于了解立领与衣身之间

的相互关系及成型后的细部形态。

2. **翻立领**

翻立领是由立领作领座，翻领作领面组合构成的领子。领座上弯，领面下弯，领面外围线大于领座底线而翻贴在领座上。当翻领宽大于底领宽1cm左右时，领座上翘量和领面下弯量基本相等。

（1）制图规格（表4-3-1）。

表4-3-1　翻立领规格表　单位：cm

号型	部位	底领宽	翻领宽	前底领宽	前翻领宽
160/84A	规格	3	4	2.5	6

（2）制图方法及步骤。

①如图4-3-11所示，作出衣身上领窝线的形状，测出前领窝大小（不含搭门量）○、后领口大小△。

②在后中心线处取底领宽3cm，作水平线长度为前后领窝弧长，分三等份，底领在2/3处起翘1cm，搭门量1.5cm，前底领宽2.5cm。

③在底领宽向上取翻领下弯量和底领起翘量，确定翻领宽4cm，将翻领下弯线与底领上口线在前中心线处相交，根据款式作前翻领宽为6cm，连接翻领上口线，修顺线条。

（3）结构图（图4-3-11）。

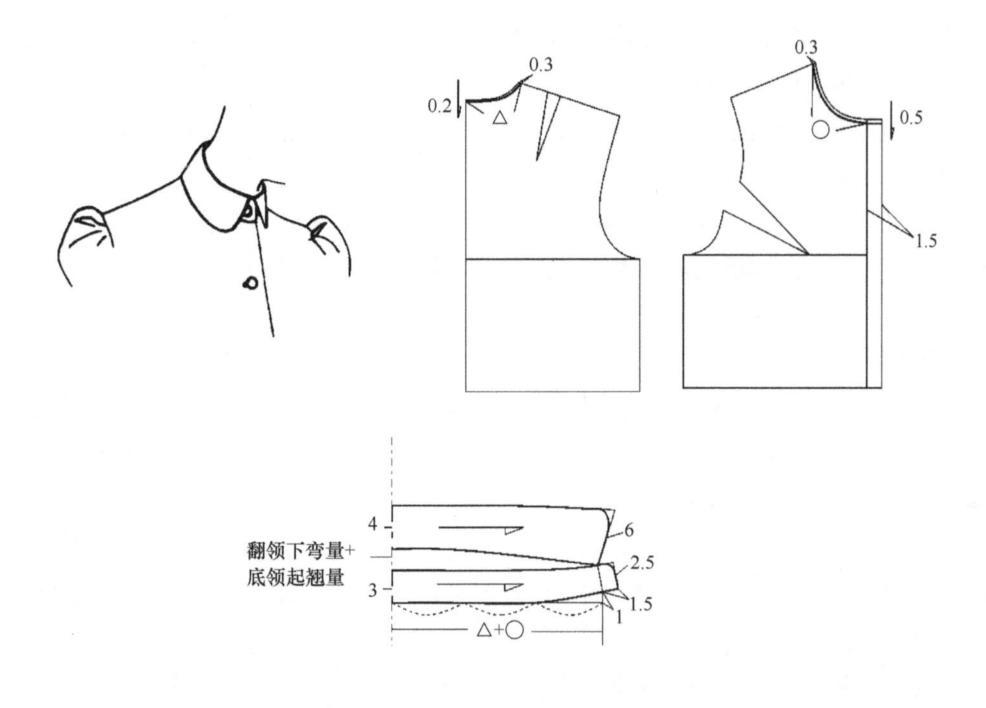

图4-3-11　翻立领结构图

（三）翻领

翻领是指领口部位能够翻折的领型。翻领可与底领相连，也可外绱底领，或没有底领。按结构分类可分为平领、翻折领和翻驳领。

1. 平领

平领也称坦领，领座较低，一般为 1.2cm 以下，翻领平摊在肩部的领型。其形态设计主要在领面的领角方圆、宽窄以及领面外口围度大小所形成的堆积变化和领面上的装饰变化上。这类领给人以活泼可爱，柔和而单纯的感觉，儿童和女性服装上经常应用这类领子。

结构制图时，前后衣片在肩线上重叠量与领子外形有一定关系：衣片的肩线重叠量为零，完成后的领子不仅没有领座，而且领外口线太长，这使得领片显得飘浮，且也容易使领底线露出；重叠量为 1cm 时，将形成几乎没有领座的领子；重叠量为 2.5cm 时，领座高约 0.6cm；重叠量为前肩宽的 1/4，领座高约 0.8 ~ 1cm；重叠量为 5cm 时，后领座高约 1.3cm 左右。前后衣片重叠一部分的效果是可以使平领的领止口线伏贴在肩部，领面平整。同时，装领线的弯曲度小于领窝线，形成一小部分底领，这样装领线接缝处隐蔽，平领在靠近颈部位置微微拱起。

（1）制图规格（表 4-3-2）。

表4-3-2　平领规格表　　单位：cm

号型	部位	前领宽	后领宽
160/84A	规格	6.5	5.5

（2）制图方法及步骤。

①如图 4-3-12 所示，根据效果图确定衣身上的领窝线造型，将前后衣片在肩缝线处重叠一部分，重叠量为前肩宽的 1/4，约 3cm。

②在其上绘制领子造型，前领角度 35°，前领宽 6.5cm，前领宽离前中心点 0.5cm，缝合时翻领能有立体的效果。

③后领宽 5.5cm，后中心点处上抬 0.5cm，这样与衣身领围尺寸相比领下口线会短一些，装领时适当拔长，领翻折后会较平服。将轮廓线修顺。

（3）结构图（图 4-3-12）。

2. 翻折领

翻折领的领面和领座连成一片，是在领口部位翻折的领型。一片折领一般用于女式衬衣领，后领有领座，前领座沿翻折线自然变低或消失。底领宽度一般为 0.5 ~ 4cm；翻领宽度根据款式变化，可为 4 ~ 10cm。

结构制图时，如果倒伏量为零，因外领口尺寸不足，导致领子与衣片领口线缝合后，领面紧绷，领脚线外露；当领外口均匀剪开，放出一定量时，倒伏量增加，领外口张开加长，领面自然下翻盖住领脚线。

倒伏量的影响因素有领座的高低和领面与领底的差量大小。当领宽相同时，领座越低，领外口弧线越长，外形曲度越大，则倒伏量增大；而领座越高，领外口弧线越短，外形曲度变

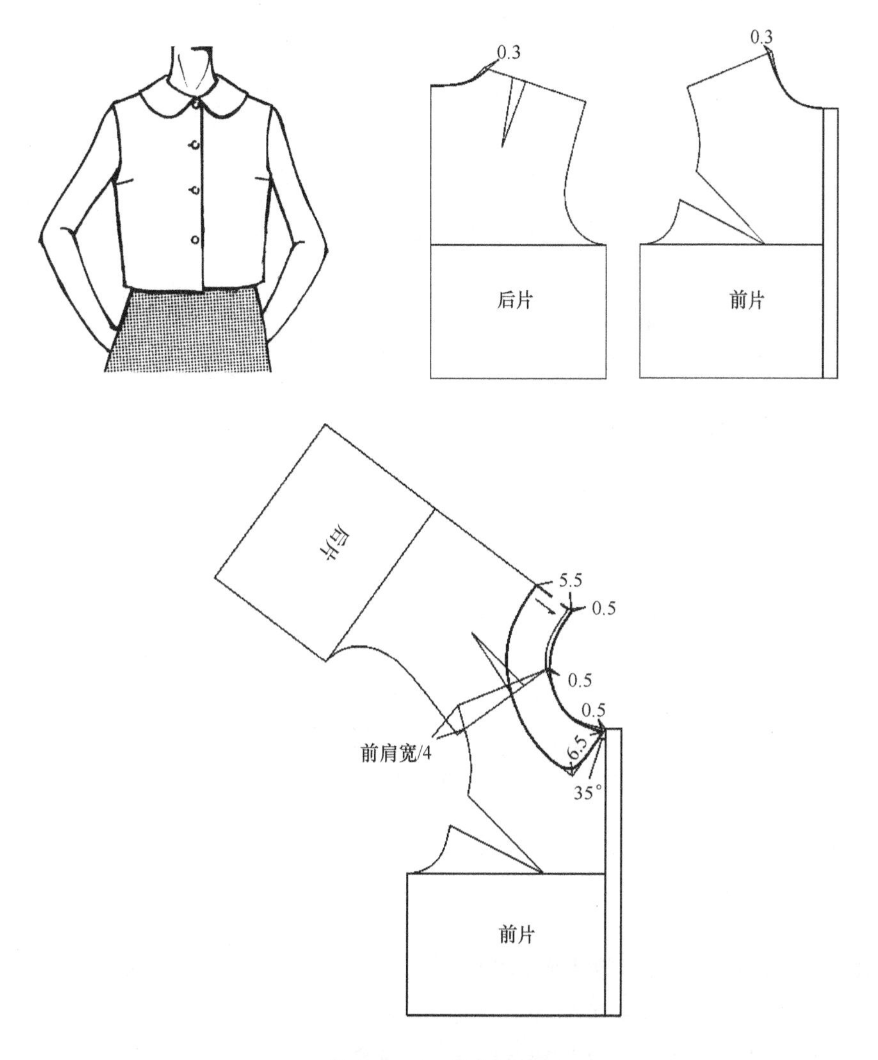

图 4-3-12　平领结构图

小，倒伏量减小。同理，领面与领底的差量越大，领外口弧线越长，外形曲度越大，倒伏量越大；领面与领底的差量越小，领外口弧线越短，外形曲度越小，倒伏量越小，如图 4-3-13 所示。

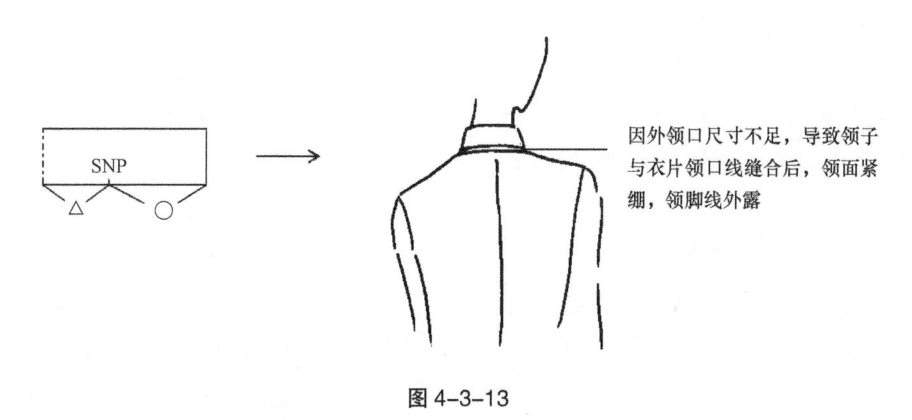

图 4-3-13

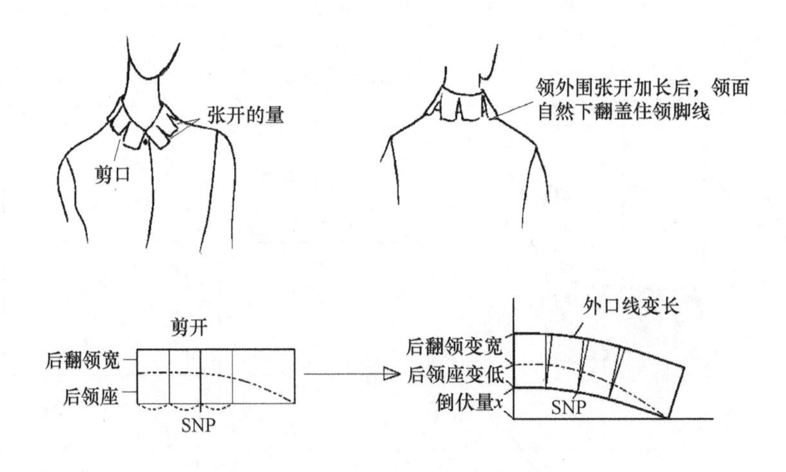

图 4-3-13 翻折领倒伏量的影响因素

（1）制图规格（表 4-3-3）。

表4-3-3 翻折领规格表　　单位：cm

号型	部位	翻领宽（a）	底领宽（b）	倒伏量	前领宽
160/84A	规格	4.5	2.8	a–b+ 修正值（0.2 ~ 0.5）	7

（2）制图方法及步骤。

①如图 4-3-14 所示，根据效果图确定衣身上的领窝线造型，分别测得前领窝弧长○，后领窝弧长△。

②从后中心线量取倒伏量，底领宽 2.8cm，翻领宽 4.5cm。

③连接倒伏量到水平线的距离为前后领窝弧长△ + ○，作垂线，长度 7cm 作为前领宽。

④从后中心线作底领宽到前领宽底部的弧线为翻折线，翻折线与后中心线处垂直。

⑤根据效果图从后中心线作翻领宽到前领宽上口的弧线为领外口线，领外口线与后中心线垂直，在前领处根据造型需要画顺。

（3）结构图（图 4-3-14）。

3. **翻驳领**

由驳领和翻领组合而成，如图 4-3-15 所示。驳领类似平领的外观，翻领与驳领连接形成驳口造型；也有的驳领没有串口线结构，领面与驳头是一个整体，如香蕉领、青果领、燕尾领等。驳领属于开门领，按翻驳长度可分为短驳头、中驳头、长驳头三种；按宽度可分为宽驳头、中宽驳头、狭驳头三种。

结构制图时，翻领宽的变化，通常可在 4 ~ 17cm；底领宽的变化，这主要受颈部高度的限制，变化幅度较小；驳口点位置需根据款式而变化，高的在胸围线上，低的在腰节线之下；叠门量宽度因单排扣、双排扣，无叠门而变化；单排扣一般在 1.5 ~ 2.5cm，双排扣 6 ~ 8cm

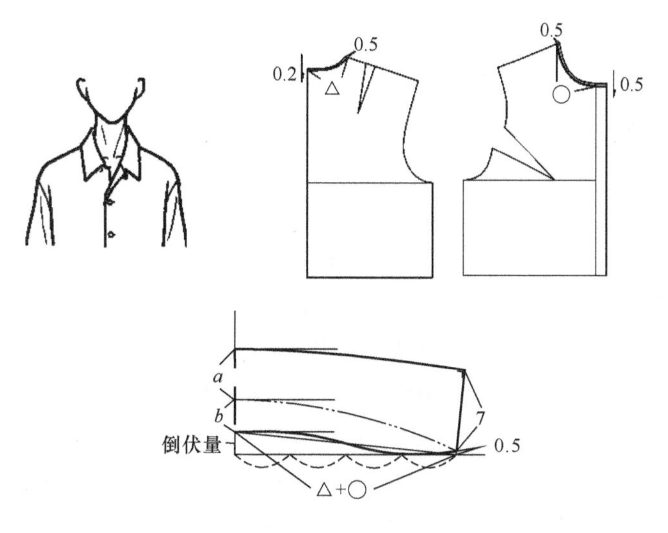

图 4-3-14　翻折领结构图

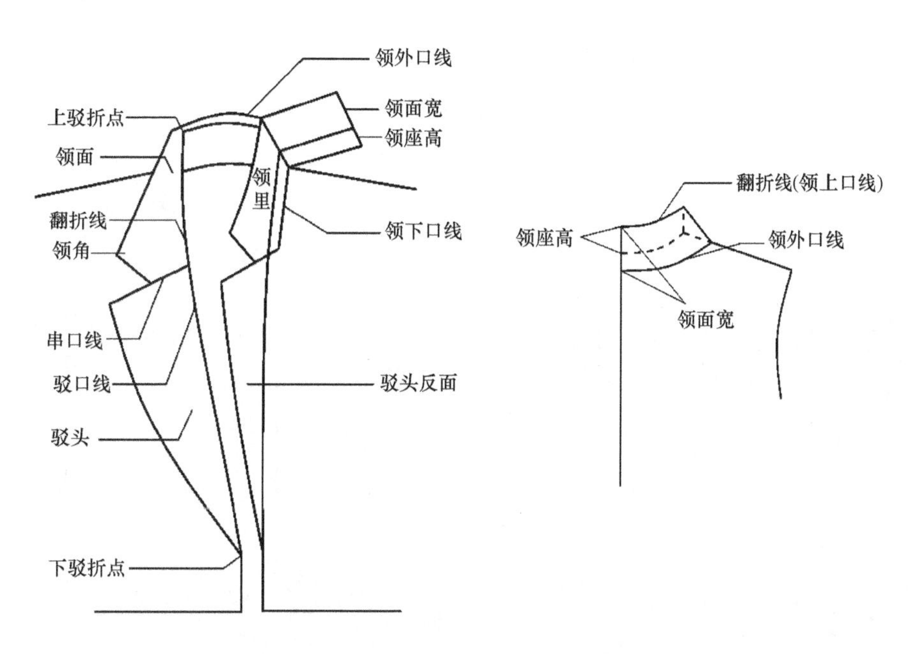

图 4-3-15　翻驳领示意图

之间。

翻领倒伏量是结构制图的重要因素，当驳点的位置越高，前门襟开度越向上，倒伏量越大；翻领宽与底领宽的差量越大，倒伏量越大；面料越厚，倒伏量越大；无领嘴款式的倒伏量更大。

（1）制图规格（表 4-3-4）。

表4-3-4　翻驳领规格表　单位：cm

号型	部位	翻领宽	底领宽	驳头宽	翻领角宽△	驳领角宽○
160/84A	规格	4.5	3	10	4	4.5

（2）制图方法及步骤。

①如图 4-3-16 所示，根据效果图确定衣身上的领窝线造型，前、后侧颈点各开大 0.5cm 得到新的侧颈点，测得后领窝弧长☆。

②门襟设计 1.5cm，腰围线与门襟的交点定为驳点。从侧颈点沿肩线伸出底领宽尺寸 3cm，从此点到驳点的连线为驳领翻折线。

③在衣身上设计驳领的造型，驳头宽 10cm，并沿驳领翻折线对称翻转过来，延伸为前领窝弧线的切线，即串口线；通过颈侧点作翻折线的平行线为底领线的辅助线，与串口线相交。两线构成新的翻领领窝。用微凸的弧线画顺驳领边线。

④在串口线上取驳领角宽 4.5cm，作 90° 领角，取翻领角宽 4cm。

⑤在领底线的辅助线上，从颈侧点向上量取后领窝弧长☆。从颈侧点引出一条竖直线。后领窝弧长到竖直线的夹角距离为 x。x 值加上翻领宽与底领宽的差值即为倒伏量而构成新底领线，垂直该线引出翻领后中心线，取 3cm 为底领宽，4.5cm 为翻领宽，用引出角为直角的微曲线连至翻领角。

⑥把领底线到领口线，翻折线到驳口线平滑顺接，完成全部翻领结构。

（3）结构图（图 4-3-16）。

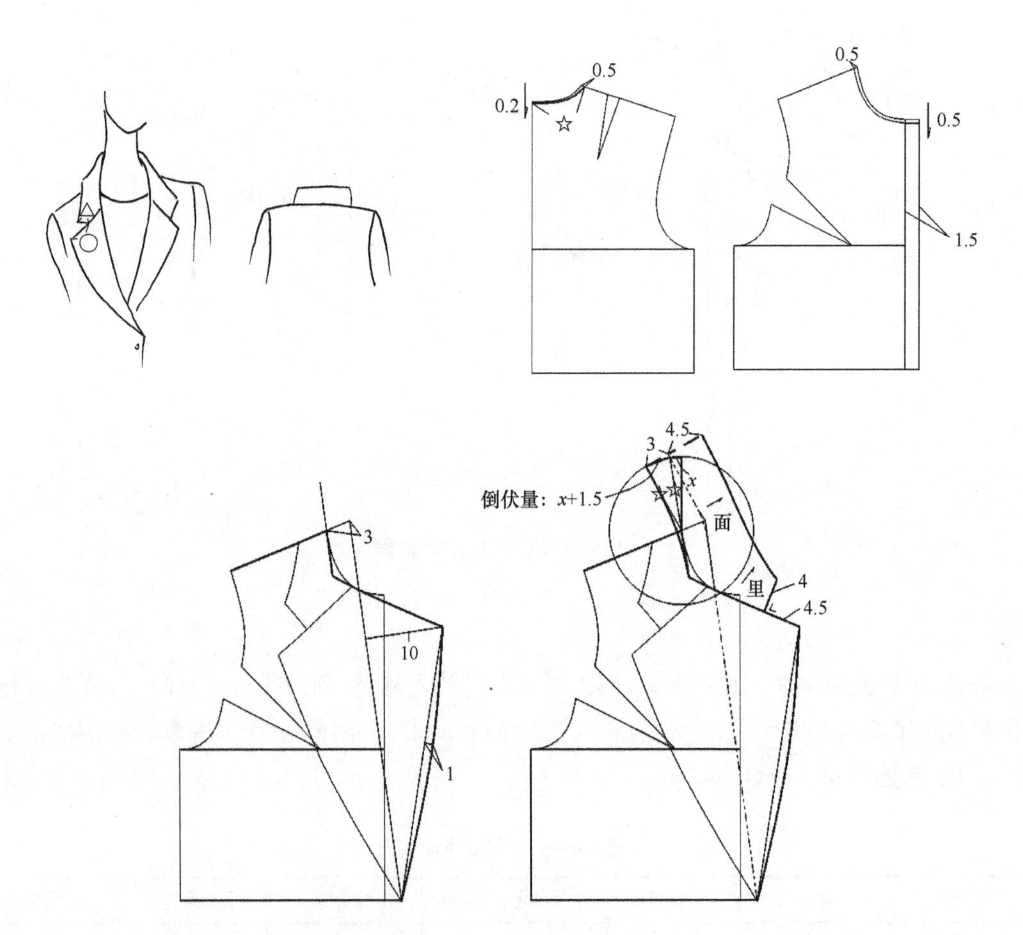

图 4-3-16　翻驳领结构图

思考练习题

1．简述衣身原型各腰省的差别和特点。

2．袖窿造型与胸背宽之间有何关系？

3．装袖角度、袖山高对袖子造型有何影响？

4．立领领口与领型之间的关系，主要有哪些变化？

5．倒伏量过大或过小，会使衣领出现哪些弊病？

6．分别进行衣身原型、袖原型、平领、翻驳领的结构制图，制图比例分别为1 ∶ 1和1 ∶ 5。

第五章　上装纸样艺术设计

第一节　衬衫纸样设计

女衬衫是指女性穿在内外上衣之间，也可单独穿用的上衣。衬衫穿着范围较广、分类形式较多，是女装上衣不可或缺的单品。

一、衬衫分类

1. 按形态分类

按形态可分为男式衬衫型女衬衫、牛仔型女衬衫、罩衫型女衬衫、下摆塞入下装中的女衬衫等，如图 5-1-1 所示。

（1）男式衬衫型女衬衫：顾名思义有男式衬衫的风格，在领子、袖克夫、前门襟、口袋等处缉明线，有种运动感。

（2）牛仔型女衬衫：美国西部牛仔穿着的运动型长袖衬衫，特点是弧线形育克，缉明线，带纽扣的袋盖、金属纽扣。

（3）罩衫型女衬衫：底摆可以罩在裙子或裤子的外面来穿着的女衬衫。

（4）下摆塞入下装中的女衬衫：下摆可以塞进裙子或裤子中穿着的女衬衫，衣长一般在臀围线左右，材质轻薄，塞入下装中不会鼓起。

图 5-1-1　衬衫按形态分类

2. 按放松量分类

（1）合体型：一般胸围放松量 2 ~ 6cm，常采用夏季薄料。

（2）较合体型：一般胸围放松量 6 ～ 12cm。

（3）较宽松型：一般胸围放松量 12 ～ 18cm。

（4）宽松型：一般胸围放松量 18cm 以上，常作为罩衫。

3. 按衣领分类

按衣领主要可分为无领和装领结构。无领设计根据领围线的位置、形状的不同而呈现不同风格。装领主要有立领、男式衬衫领、娃娃领、海军领、关门领、花式领等结构。

4. 按衣袖分类

女衬衫的衣袖通常以装袖形式为主，无袖和插肩袖为辅。

（1）按袖长分类。

①无袖型：没有衣袖的衬衫，手臂的活动量较大，袖窿深一般抬高。

②短袖型：袖长在肘部以上的衬衫，主要应用在夏装中。

③长袖型：袖长在手腕或手掌 1/3 处的衬衫。

（2）按袖口分类。

衬衫除了按袖长分类，袖口形态也款式多样，如单层袖口、多层袖口、法式袖口、带状袖口、滚条袖口、翼型袖口等。

二、衬衫纸样设计原理

成年女子上装纸样设计用第八代日本文化式原型，该原型是符合人体立体形态的造型。用这个原型做成上衣类样板时，原型上的省量往往分散在袖窿、腰部、领围。上衣类作图时，必须根据贴体造型、或宽松造型、或肩的轮廓造型（即根据垫肩厚度）来调整各省量的平衡。在这里就原型胸省和肩省的基本分散方法进行说明。

1. 薄垫肩

当垫肩较薄且取后肩省时（垫肩厚度为 0.5cm），肩省的 1/3 分散在袖窿处，胸省的 1/4 ～ 1/5 作为袖窿松量分散。衣身宽松量比较少的时候，胸省的 1/4 ～ 1/5 作为袖窿松量，或者在肩点追加垫肩厚度的 0.7 倍，如图 5–1–2 所示。

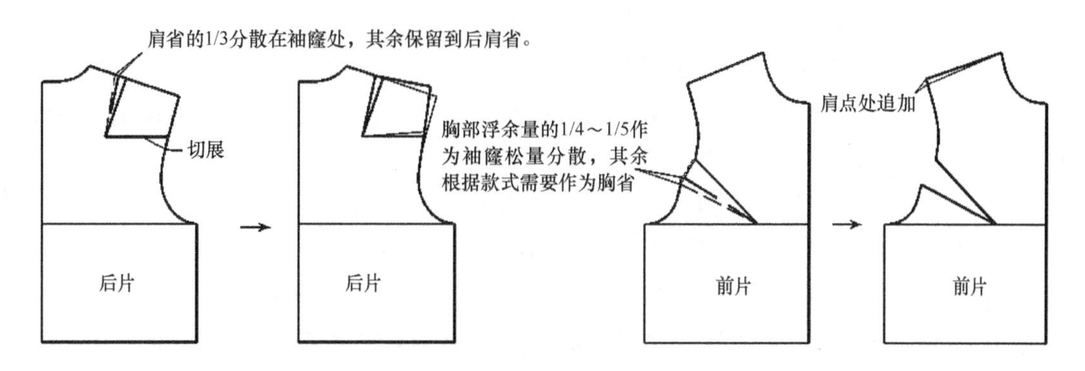

图 5–1–2　薄垫肩的前后省道分散方法

2. 厚垫肩

当垫肩较厚且不取肩省加缩缝量时（垫肩厚度为 1 ~ 1.5cm），肩省的 2/3 分散在袖窿处，胸省的 1/4 ~ 1/3 作为袖窿松量分散，与后面分散量的差在作图上追加在肩点处，调整平衡前后袖窿尺寸，如图 5-1-3 所示。

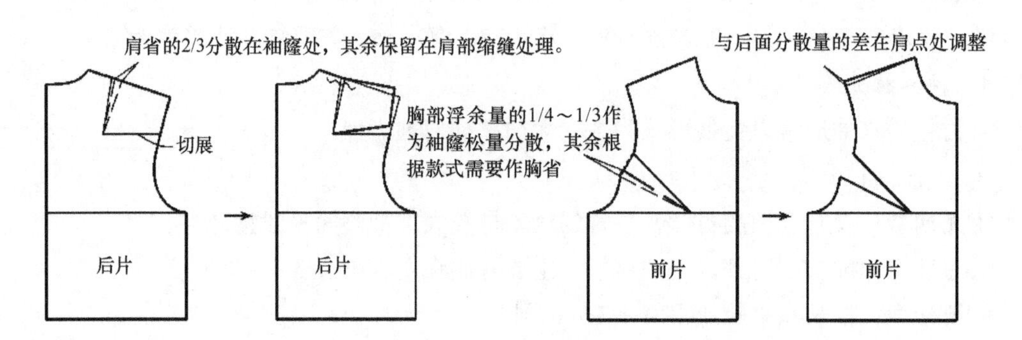

图 5-1-3 厚垫肩的前后省道分散方法

三、衬衫纸样艺术设计

1. 娃娃领交叉褶衬衫

（1）款式特点。该款式为娃娃领短袖套头女衬衫。娃娃领，短圆装袖，前片腰节线断开，腰节上方作交叉状褶裥；后片左右各设一腰省，后领中心开衩作为套衫开襟（图 5-1-4）。

（2）结构设计要点。

①后片肩省的 2/3 转移到袖窿为袖窿松量，余下的 1/3 作为肩部吃势；前片胸围的 1/4 留在袖窿为松量，余下的 3/4 为胸省。后片胸围在侧缝和后中心线各缩小 0.5cm，重新确定后侧缝线。

②前横开领开大 1cm，前直开领开深 1.5cm；后横开领开大 1cm。画顺前、后领窝弧线。

③前、后肩点分别在袖窿处上抬 2/3 垫肩厚。后直开领向下 8cm 作为套衫开襟。后中心线在腰节处收进 1cm。前、后片侧缝收进 1cm，下摆抬高 1cm，放出 2cm 的量。

图 5-1-4 娃娃领交叉褶衬衫款式图

④前片作腰节线横向分割。腰节线以上根据效果图在左、右片各作三条褶裥分割线，第一条线在胸省以上，第二条线经过 BP 点，第三条线经过腰省。分别将左、右片的三个褶裥剪切展开，胸省和腰省合并，使省量均匀转移至褶裥。腰节线以下合并省道，展开下摆即可。

⑤袖片为一片式短袖结构，袖长 26cm。领子为平领结构，领宽 8cm。

（3）设定规格（表 5-1-1）。

表5-1-1　娃娃领交叉褶衬衫规格表　　单位：cm

号 / 型	部位	衣长	胸围	腰围	袖长	袖口围	垫肩厚	翻领宽
160/84A	规格	56	94	78	26	30	1.2	8

（4）衣片结构图（图 5-1-5）及衬衫结构图（图 5-1-6）。

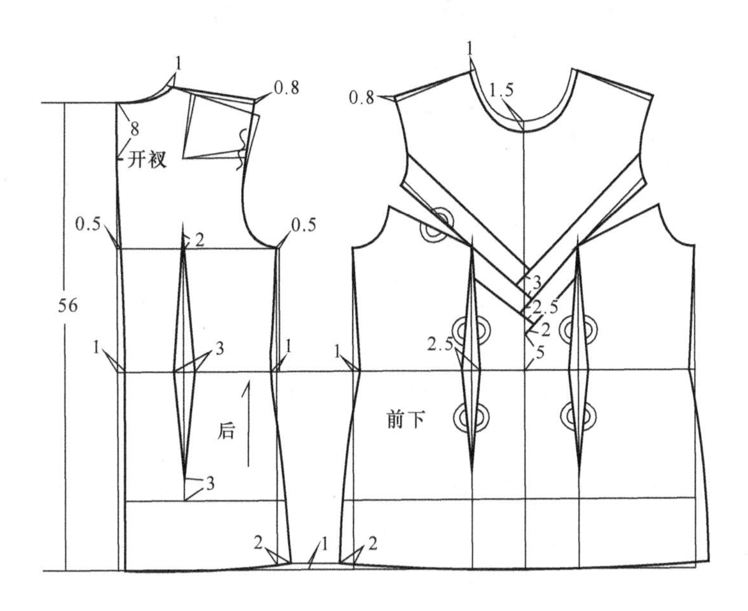

图 5-1-5　娃娃领交叉褶衬衫衣片结构图

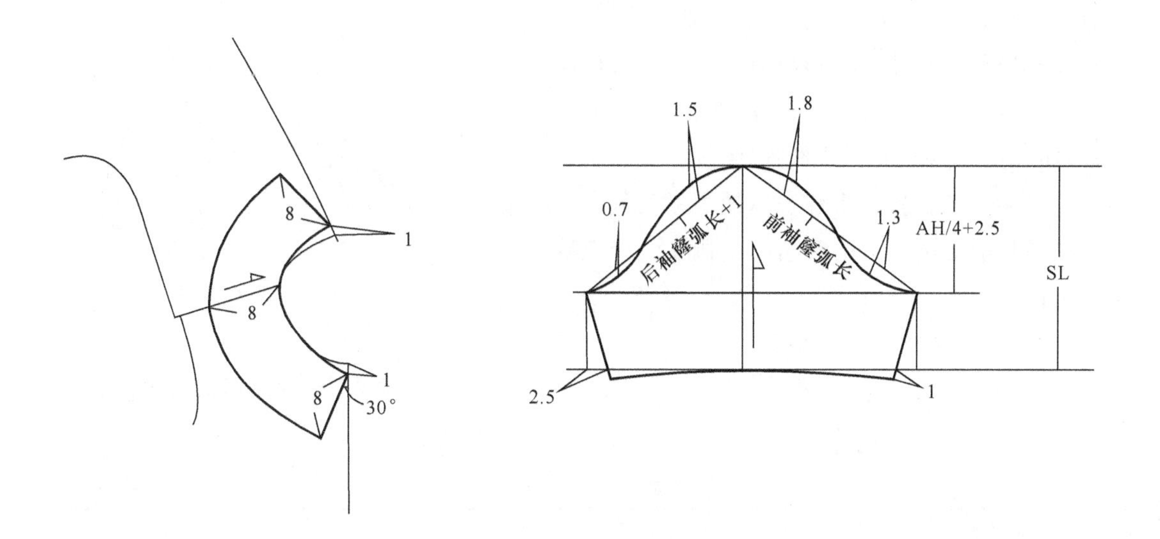

图 5-1-6

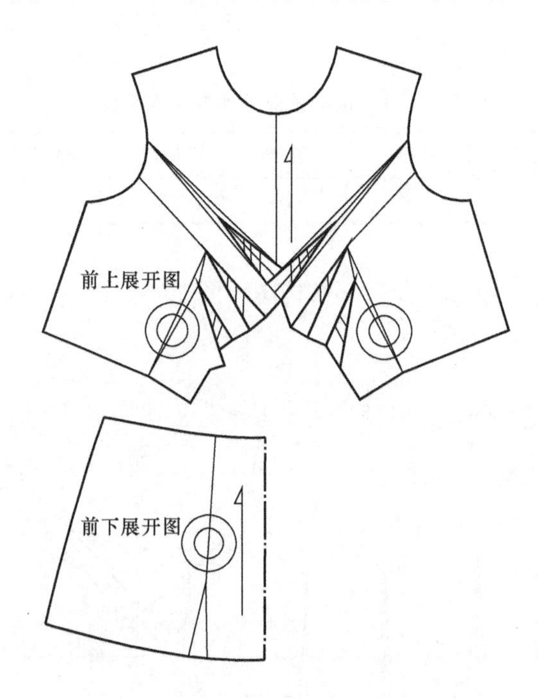

图 5-1-6　娃娃领交叉褶衬衫结构图

2. 小环浪袖衬衫

（1）款式特点。该款式袖山头均匀分布两个环褶（图 5-1-7）。

（2）结构设计要点。

①作一片式长袖原型，将前、后袖肥点固定，旋转前、后袖山，将各自袖山高点转出袖中线 7cm。

②调整袖山弧线，将转出后的前、后袖山高点用低凹的弧线连接，中间凹 0.5cm。将前、后袖山高点和各自的袖肥点用合适的弧线连接。

③环褶量与位置，由前、后袖山弧长与前后袖窿弧长的差数确定褶量，由新旧袖山弧线的交点确定褶裥的位置。

（3）设定规格（表 5-1-2）。

图 5-1-7　小环浪袖衬衫款式图

表5-1-2　小环浪袖规格表　　单位：cm

号 / 型	部位	袖长	袖口围
160/84A	规格	56	22

（4）结构图（图 5-1-8）。

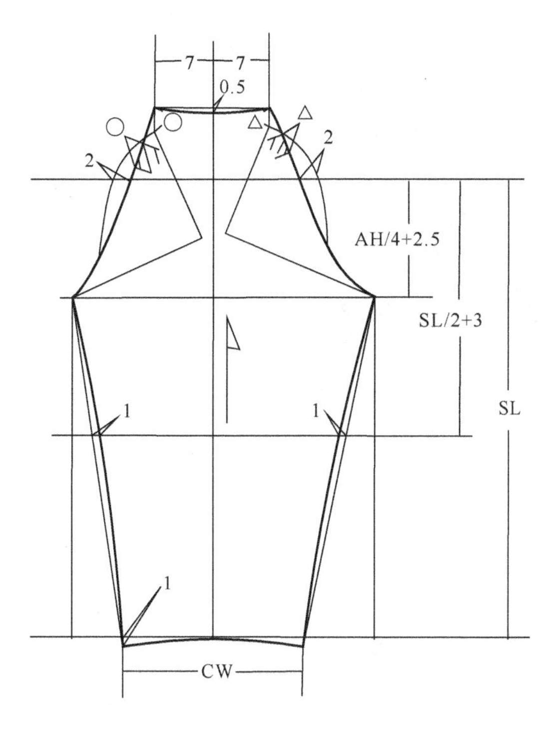

图 5-1-8 小环浪袖结构图

3. 郁金香袖衬衫

（1）款式特点。该款式的袖子的形状像郁金香花苞，袖中弧形重叠，袖山头缩褶呈泡泡状（图 5-1-9）。

（2）结构设计要点。

①根据袖原型作一片式短袖，袖长 26cm，袖肥线垂直向下至袖口。将袖口的左、右两侧分别收进 2cm，并下降 1cm 画出一片式普通短袖的袖口。

②固定前、后袖肥点，分别将前、后袖山高向上旋转，各自转出量为 4cm。

③根据效果图在前、后袖山高确定花瓣分割线，并与各自的袖口线相切。

（3）设定规格（表 5-1-3）。

图 5-1-9 郁金香袖衬衫款式图

表5-1-3 郁金香袖规格表　　单位：cm

号 / 型	部位	袖长
160/84A	规格	26

（4）结构图（图 5-1-10）。

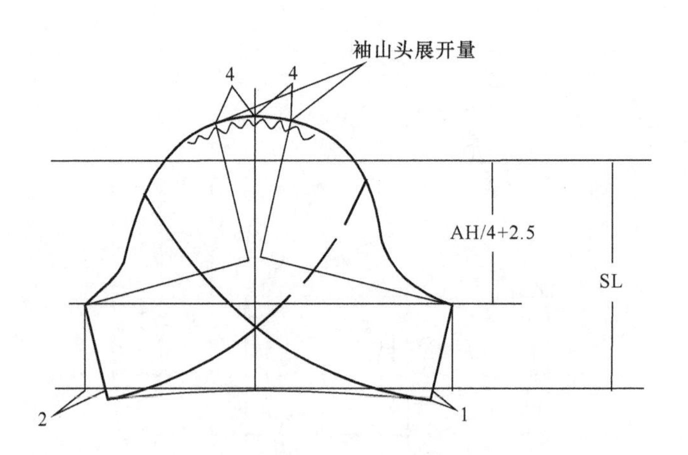

图 5-1-10 郁金香袖结构图

4. 褶裥插肩袖衬衫

（1）款式特点。该款式为青果领插肩袖宽松女衬衫，门襟为单排五粒扣，肩部各两个褶裥，袖口有明显抽褶，装袖克夫。款式独特，穿着范围广泛（图 5-1-11）。

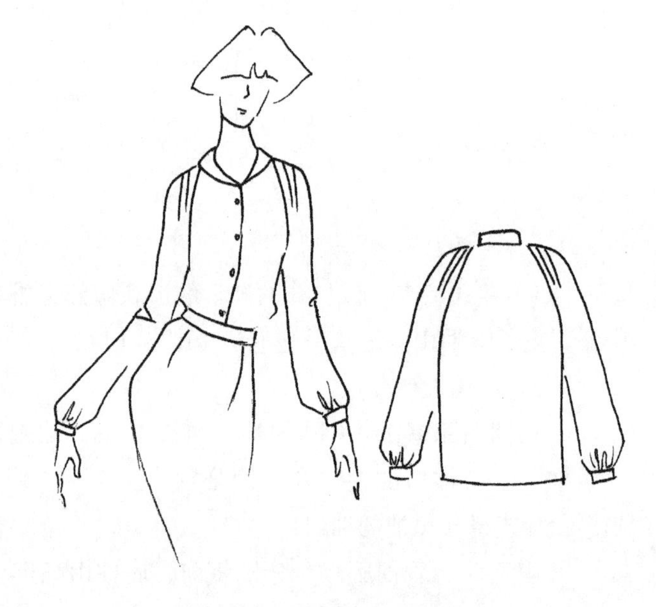

图 5-1-11 褶裥插肩袖衬衫款式图

（2）结构设计要点。

①后片肩省的 2/3 转移到袖窿为袖窿松量，余下的 1/3 作为肩部吃势；前片胸围的 1/4 留在袖窿为松量，余下的 3/4 为胸围的松量。前、后片胸围各放出 1cm，重新确定前、后侧缝线。下摆在侧缝处各抬高 1cm，放出 2cm。

②前、后横开领各开大 1cm，前门襟宽 2cm，门襟上胸围线向上 3.5cm 的点定为下驳点，根据驳领的制图方法绘制青果领，青果领的底领宽 3cm，翻领宽 4cm。

③前、后肩点分别在袖窿处分别上抬 2/3 垫肩厚，重新画好肩斜线。前、后肩斜线向外延伸 1.5cm， 前后衣袖的斜度 45° ，作插肩袖袖长，袖口线垂直于袖长，作前袖口 14cm，后袖口 16cm。在后袖口中心处开袖衩 8cm。

④插肩袖肩部分割线距离前横开领 3cm，两个褶裥间距均为 3cm。均匀展开褶裥，放出 4.5cm 的褶裥量。画顺插肩袖的袖子分割线，和衣身袖窿分割线等长。

（3）设定规格（表 5-1-4）。

表5-1-4　褶裥插肩袖衬衫规格表　　单位：cm

号 / 型	部位	衣长（L）	胸围	袖长（SL）	袖口围	袖克夫	垫肩厚	领宽
160/84A	规格	56	100	56	30	21/3	1.2	7

（4）衬衫结构图（图 5-1-12）及插肩袖展开图（图 5-1-13）。

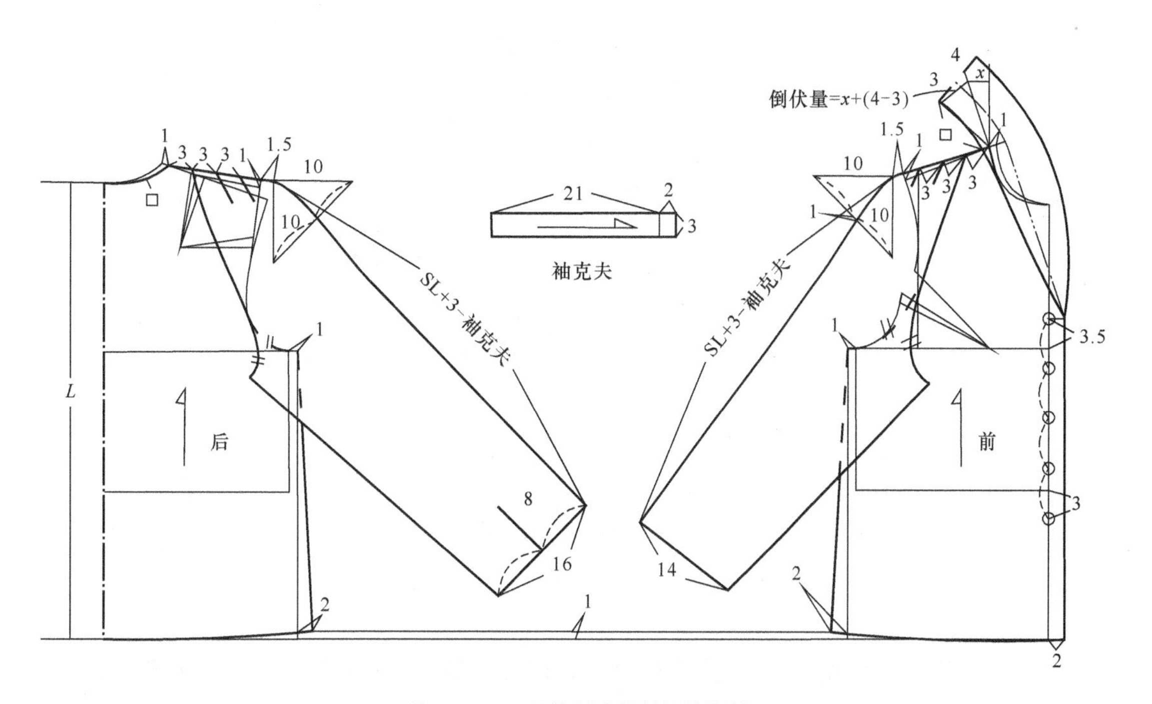

图 5-1-12　褶裥插肩袖衬衫结构图

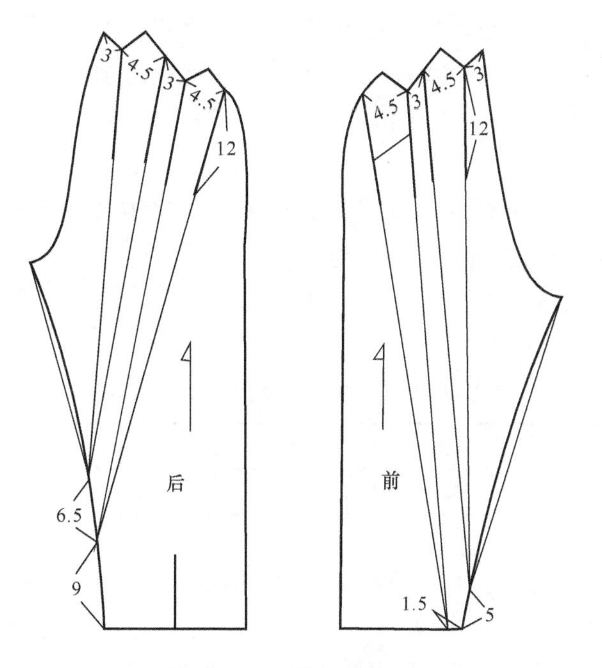

图 5-1-13　插肩袖展开图

5. 娃娃领打褶袖短袖衬衫

（1）款式特点。该款式为娃娃领开襟插肩短袖女衬衫。娃娃领缉明线，后领为整片；插肩袖在前后分割线处有两个褶裥；五粒扣，衣身侧缝有省。下摆塞进下装中突显青春活泼，适合年轻女性穿着（图 5–1–14）。

图 5–1–14　娃娃领交打褶袖短袖衬衫款式图

（2）结构设计要点。

①前、后片胸围在侧缝处分别收进 0.5cm，因为该款式为短袖结构，袖窿开深分别上抬 1cm，重新确定前、后侧缝线。后片肩省的 2/3 转移到袖窿作为松量，余下的 1/3 作为肩部吃势；前片胸围的 1/4 留在袖窿为松量，余下的 3/4 转移到侧缝省，侧缝省距离袖窿 7cm。

②根据款式图作前、后片肩部分割线，前、后腰节在侧缝处各收 2cm，下摆各上抬 1cm，放出 2cm。门襟宽 1.5cm，五粒扣，最上面一粒扣距离前领深 1.5cm，最下面一粒扣距离腰节线 1.5cm。

③将前、后片肩缝重叠放置，确定两条褶裥分割线，将两褶裥向下平移画出所需要的褶量。

④衣领为坦领结构，领宽 8cm，后领为一整片。

（3）设定规格（表 5–1–5）。

表5–1–5　娃娃领打褶袖短袖衬衫规格表　　单位：cm

号 / 型	部位	衣长	胸围	腰围	门襟	领宽
160/84A	规格	56	94	86	1.5	8

（4）衣身结构图（图 5–1–15）及袖子、领结构图如图 5–1–16 所示。

6. 环领连袖衬衫

（1）款式特点。该款式为连袖式环领套衫，前片左右肩缝各有两个褶裥，前领片左

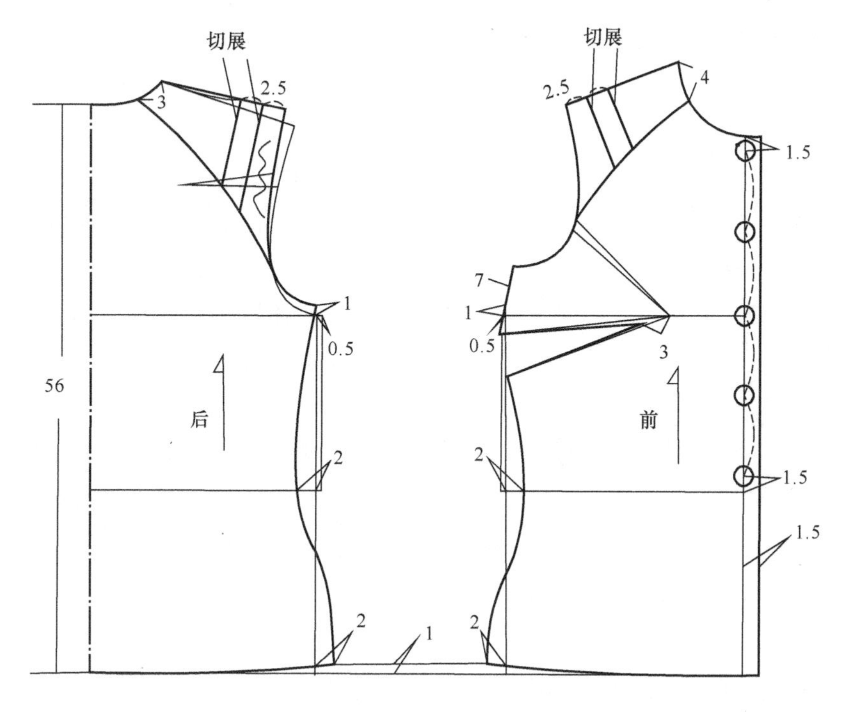

图 5-1-15　衬衫衣身结构图

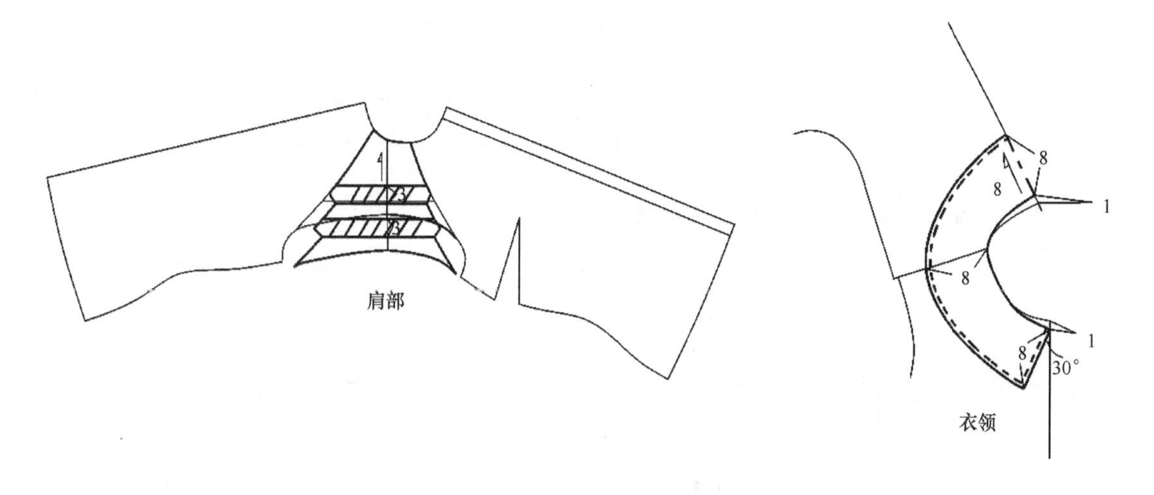

图 5-1-16　袖子、领结构图

右领窝各有两道褶裥，后领中心开衩作为套衫开襟。款式时尚，适合都市女性穿着（图 5-1-17）。

（2）结构设计要点。

①后片肩省的 2/3 转移到袖窿为袖窿松量，余下的 1/3 作为肩部吃势；前片胸围的 1/4 留在袖窿为松量，余下的 3/4 为胸围的松量。

②将前直开领开深 2cm，重新做前领窝弧线△；后直开领抬高 0.5cm，后直开领向下

图 5-1-17 环领连袖衬衫款式图

8cm 作为套衫开襟。

③前、后肩点分别在袖窿处上抬 2/3 垫肩厚，重新画好肩斜线。前、后肩斜线向外延伸 1.5cm 作肩点，延长肩斜线，长度为袖长，袖口弧线垂直于袖长，袖口尺寸 12cm。再与衣片侧缝连接成连袖袖底弧线，袖窿开深量 2cm，凹势 7cm。

④在肩斜线上离侧颈点 4cm 为 *A* 点作弧线至前中心线和胸围线的交点 *B*，以此弧线作前领窝两褶裥：以 *A* 点为圆心，4cm+10cm（褶裥量）为半径作圆；以 *B* 点为圆心，以 30cm 为半径作圆；两圆的距离为△。

⑤将剩余的前肩斜线三等分，在等分点线上作肩部两个褶裥，褶裥展开量 6cm。

（3）设定规格（表 5-1-6）。

表5-1-6 环领连袖衬衫规格表 单位：cm

号 / 型	部位	衣长	胸围	袖长	袖口围	垫肩厚
160/84A	规格	58	96	56	24	1.2

（4）结构图（图 5-1-18 和图 5-1-19）。

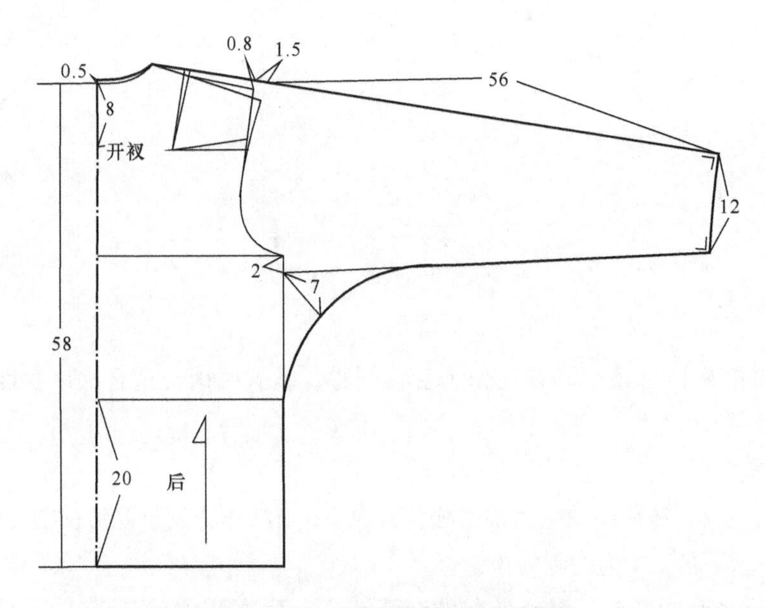

图 5-1-18 环领连袖衬衫后片结构图

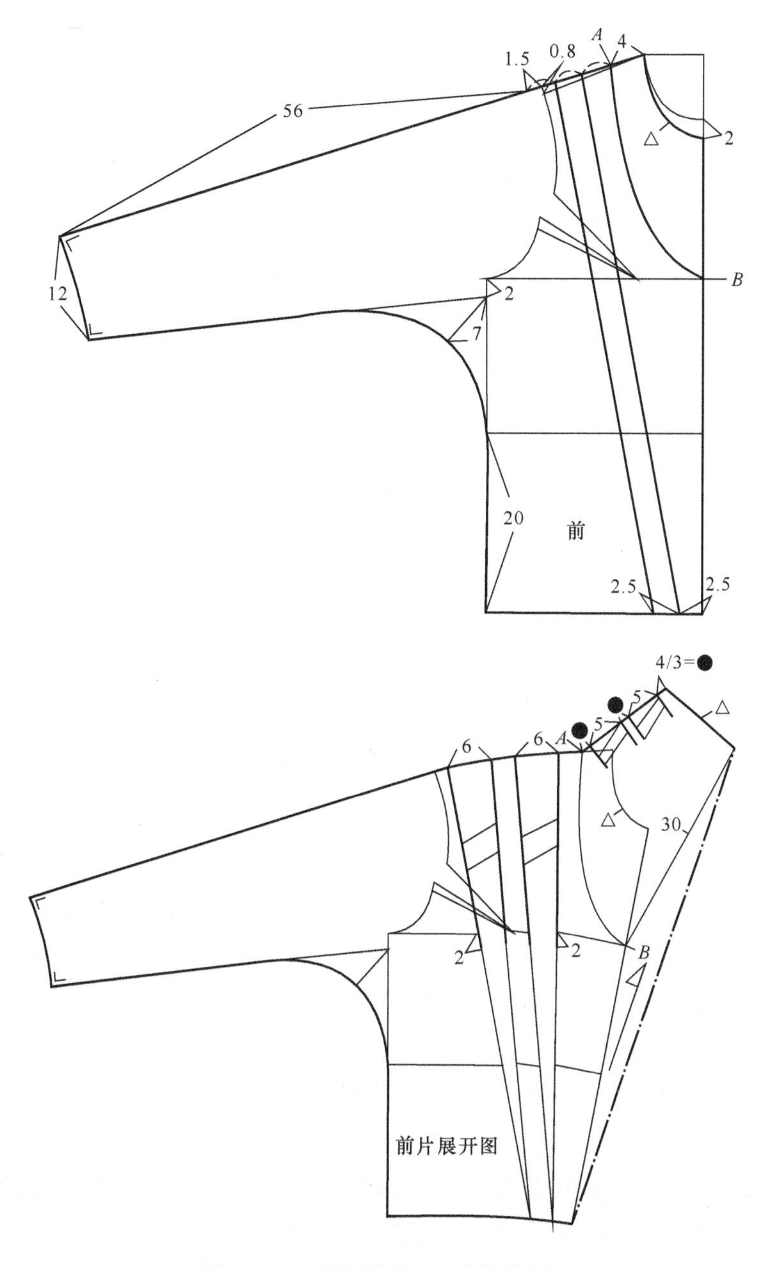

图 5-1-19　环领连袖衬衫前片结构图

7. **纵横褶袖衬衫**

（1）款式特点。该款式为娃娃领开襟连袖衬衫。娃娃领款式，后领一整片；肩部有纵向两个褶裥和一条分割线；分割线垂直处有三个褶裥，袖口抽褶，有袖克夫；衣身开襟，六粒扣，后片为整片（图 5-1-20）。

（2）结构设计要点。

①后片肩省的 2/3 转移到袖窿为袖窿松量，余下的 1/3 作为肩部吃势；前片胸围的 1/4 留在袖窿为松量，余下的 3/4 为胸围的松量。前、后片胸围在袖窿处各收 1cm，重新确定前、

图 5-1-20 纵横褶袖衬衫款式图

后侧缝线。

②前、后肩点分别在袖窿处分别上抬 2/3 垫肩厚，重新作肩线。移动前、后片，将肩线向衣片中线方向延伸 9cm。

③前片从肩点向内 9cm 定第一个肩褶裥位置，裥长 6cm，裥量 3cm，间距 2cm，定第二个褶裥位置，裥量 3cm，间距 2cm，确定 *A* 点。从 *A* 点作肩线垂线，向内到肩褶裥长的位置定为 *B* 点。在 *B* 点作垂线，长度 3cm 定为 *C* 点，从 *C* 点开始作袖褶裥垂直于肩线，第一个褶裥量 4cm，间距 2cm，定第二个褶裥位置，裥量 4cm，间距 2cm，定第三个褶裥位置，裥量 4cm，间距 2cm，作袖长线。袖长线平行于肩线延长线，因为袖口有抽褶，因此袖长要增加 3cm，再减去袖克夫的宽度。袖口线垂直于袖长，再与衣片侧缝连接成连袖袖底弧线，袖窿开深量 2cm。

④后片从肩点向内 9cm 定第一个肩褶裥位置，裥长 6cm 袖口大 28cm，裥量 3cm，间距 2cm，定第二个褶裥位置，裥量 3cm，间距 2cm，确定 *A′* 点。从 *A′* 点作肩线垂线，向内到肩褶裥长的位置定为 *B′* 点。在 *B′* 点做垂线，长度 3cm 定为 *C′* 点，从 *C′* 点开始作袖褶裥垂直于肩线，第一个褶裥量 4cm，间距 2cm，定第二个褶裥位置，裥量 4cm，间距 2cm，定第三个褶裥位置，裥量 4cm，间距 2cm，作袖长线。袖长线平行于肩线延长线，因为袖口有抽褶，因此袖长要增加 3cm，再减去袖克夫的宽度。袖口线垂直于袖长，袖口大 28cm，再与衣片侧缝连接成连袖袖底弧线，袖窿开深量 2cm。

⑤衣领为平领，后领一整片，领宽 8cm。

（3）设定规格（表 5-1-7）。

表5-1-7 纵横褶袖衬衫规格表

单位：cm

号 / 型	部位	衣长	胸围	袖长	垫肩厚	袖克夫（长 / 宽）	门襟
160/84A	规格	67	92	56	1.2	22/3	2

（4）结构图（图 5-1-21 和图 5-1-22）。

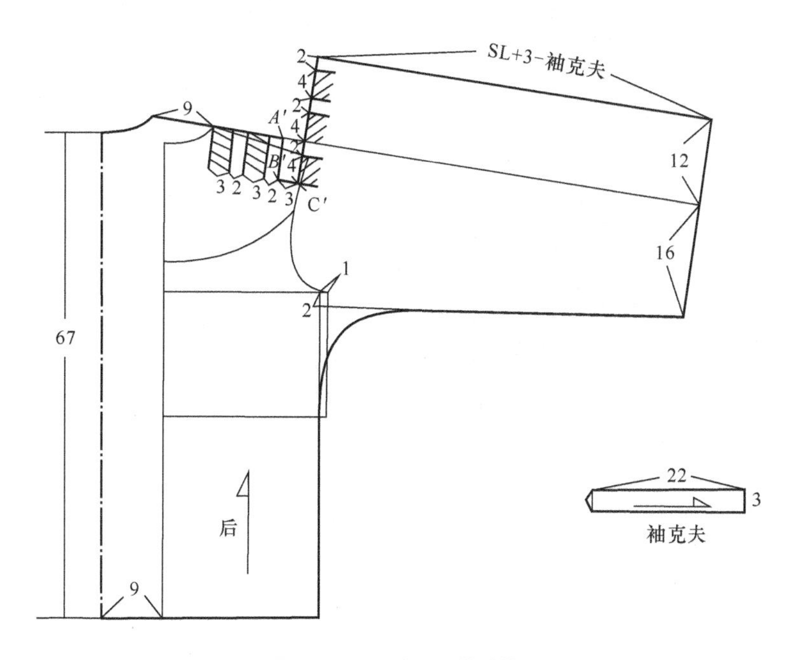

图 5-1-21　衬衫后片结构图

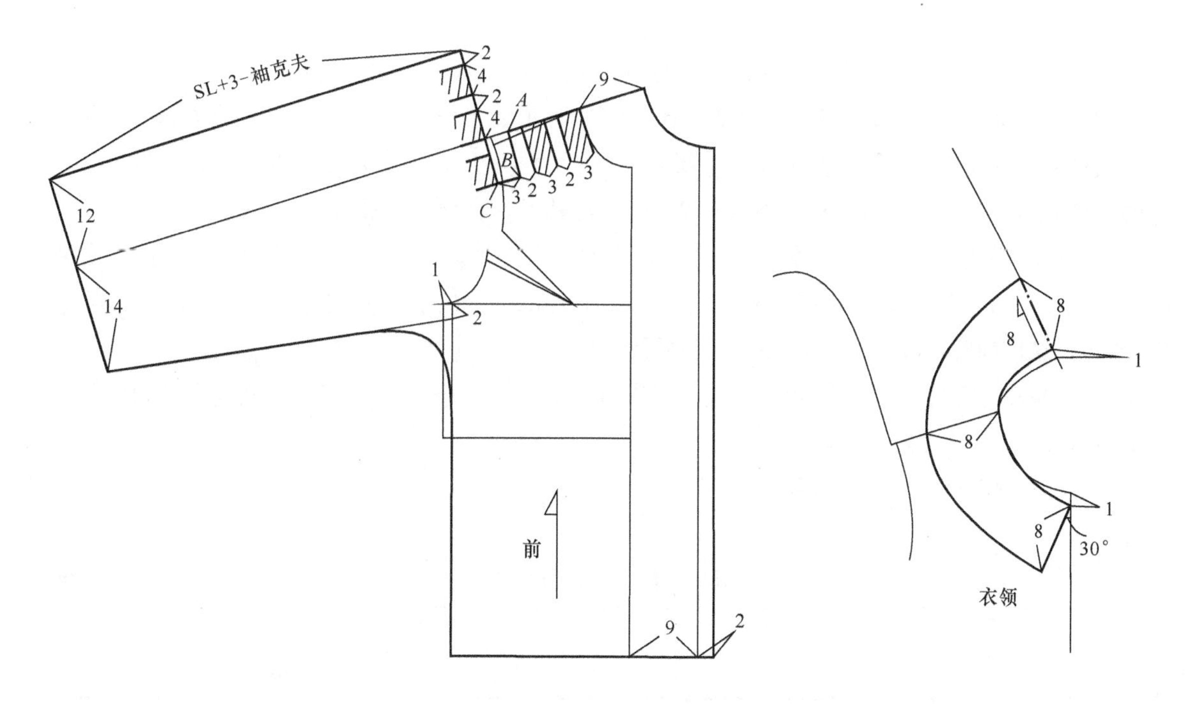

图 5-1-22　纵横褶袖衬衫结构图

8. 钟形衬衫

（1）款式特点。该款式为无领短袖衬衫，造型独特。前片分割线，后片腰省，下摆钟形造型，侧缝装拉链（图 5–1–23）。

图 5–1–23　钟形衬衫款式图

（2）结构设计要点。

①后片肩省的 2/3 转移到袖窿为袖窿松量，余下的 1/3 作为肩部吃势；前片胸围的 1/4 留在袖窿为松量，余下的 3/4 转移到侧缝处。前片胸围在袖窿处收进 1cm，上抬 1cm；后片胸围在袖窿处收进 0.1cm，上抬 1cm，重新确定前、后侧缝线。前、后腰节线在侧缝各收 2cm，后中线收 0.5cm；前片下摆在侧缝放出 2.5cm，后片下摆在侧缝放出 4cm。

②前、后肩点分别在袖窿处分别上抬 2/3 垫肩厚，画出肩斜线，离肩点 2.5cm 的点分别引出前、后片领窝弧线。根据款式图分别画出前片的分割线和后片的省道。前片分割线重叠 1.5cm，这样前片下摆一共多出 4cm，和后片一致。

③肩斜线延长 4cm，作 45° 直线，长度 6cm，画顺袖长线。垂直于此线画出袖口弧线，袖口弧线垂直于袖窿。

（3）设定规格（表 5–1–8）。

表5–1–8　钟形衬衫规格表　　单位：cm

号 / 型	部位	衣长	胸围	腰围	袖长	垫肩厚
160/84A	规格	54	92	72	10	1.2

（4）结构图（图 5–1–24）。

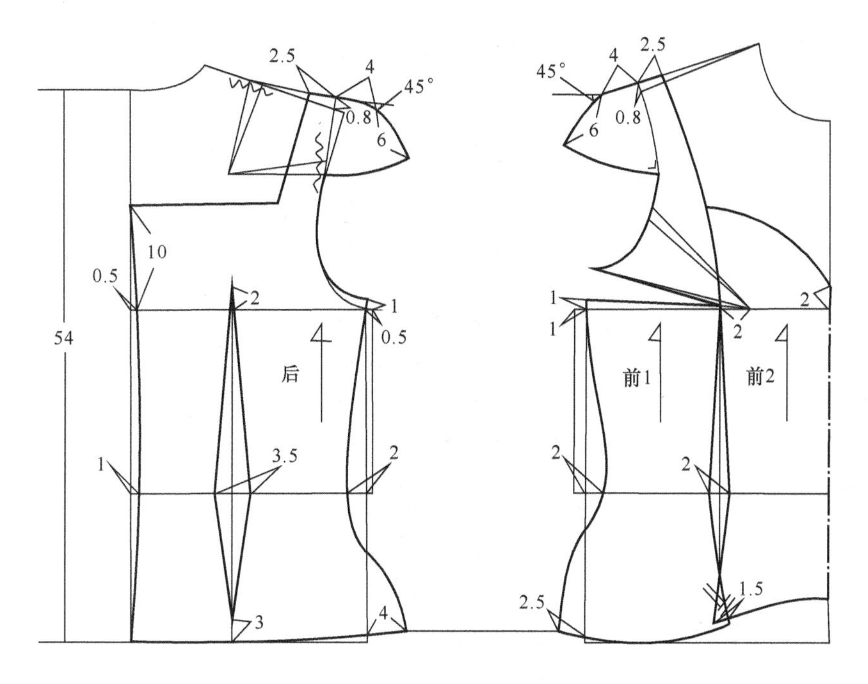

图 5-1-24 钟形衬衫结构图

9. **垂坠褶衬衫**

（1）款式特点。本款上衣前后衣身袖窿处做垂坠褶设计，无袖，四粒扣，整体造型别致有趣，具有较强的装饰性和立体感（图 5-1-25）。

图 5-1-25 垂坠褶衬衫款式图

（2）结构设计要点。

①后片肩省的 2/3 转移到袖窿为袖窿松量，余下的 1/3 作为肩部吃势；前片胸围的 1/4 留在袖窿为松量，余下的 3/4 为胸围的松量。将前、后胸围在侧缝处各收进 0.5cm，袖窿深上抬 1cm，重新确定前、后侧缝线。前片胸省转移到腰围线以下。前、后片下摆在侧缝处各抬高 1cm，放出 2cm。作腰围分割线。

②转动衣片，将前、后衣片上片腰侧点重叠，前、后衣片的袖肩点距离 30cm，画顺前、后腰围线。

③前、后片下片分别将省道合并，下摆展开。

④衣领为平领结构。

（3）设定规格（表 5-1-9）。

表5-1-9 垂坠褶衬衫规格表 单位：cm

号 / 型	衣长	胸围	腰围	领围	领宽
160/84A	62	94	86	38	8

（4）衬衫结构图（图 5-1-26）及衣片展开图（图 5-1-27）。

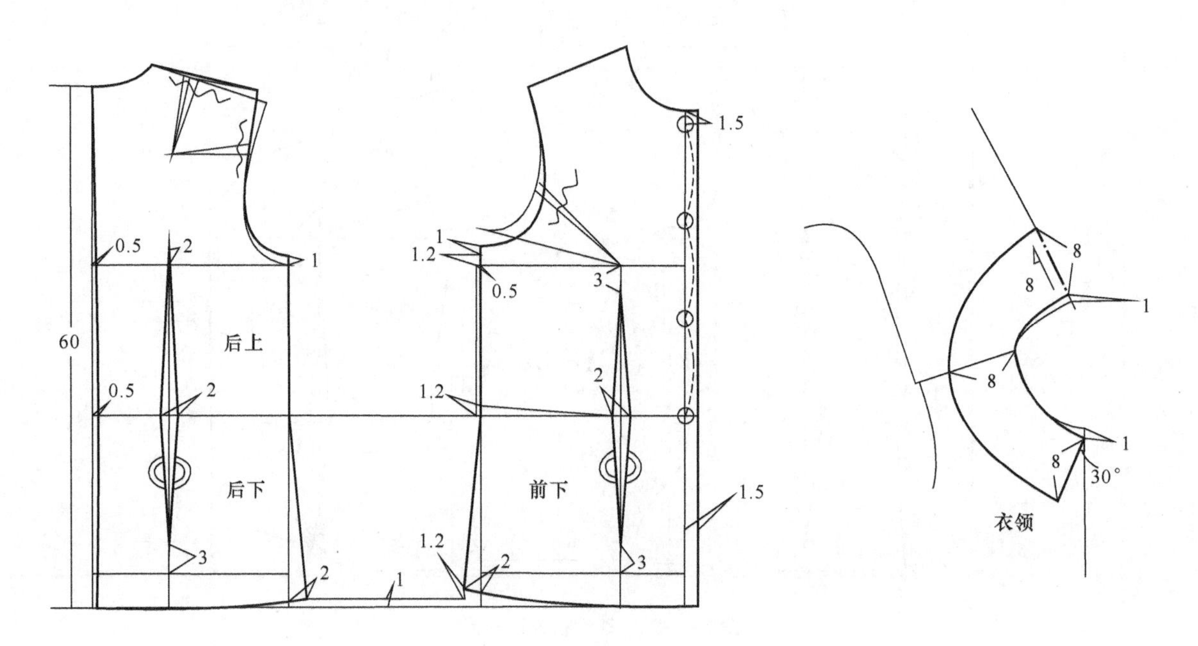

图 5-1-26　垂坠褶衬衫结构图

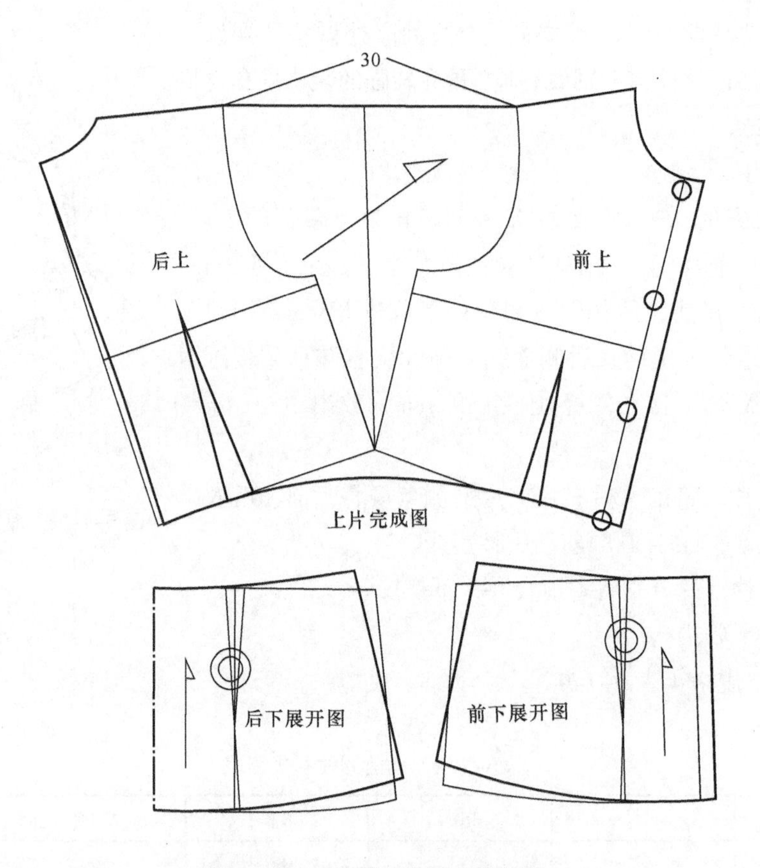

图 5-1-27　垂坠褶衬衫衣片展开图

10. **缠绕褶衬衫**

（1）款式特点。用柔和的面料立体缠绕胸部进行褶皱设计，平面的面料通过打褶处理， 在突出胸部的同时，营造出肌理变化而灵动的整体设计效果，使得整件服装倍具艺术感染力（图 5–1–28）。

图 5–1–28　缠绕褶衬衫款式图

（2）结构设计要点。

①后片肩省的 2/3 作为后肩缝；前片胸围的 3/4 为胸省。将前、后袖窿深上抬 0.5cm，前片袖窿收进 0.5cm，重新确定前、后侧缝线。后片在后中心线收进 0.5cm；前、后腰围在侧缝各收进 2cm，后腰围在后中心线收进 1cm；前、后下摆各抬高 1cm，放出 2cm。

②画后腰省完成后片结构设计。

③根据款式在前片定出缠绕褶的分割线，前胸围线向下 1.5cm，做平行线 L。将右片的 L 线以上部分和左片的 L 线以下部分作为一整片，将胸省和腰省转化为缠绕褶。

（3）设定规格（表 5–1–10）。

表5–1–10　缠绕褶衬衫规格表　　单位：cm

号 / 型	胸围	腰围	领围	肩宽	衣长
160/84A	94	76	38	39	64

（4）衬衫结构图（图 5–1–29）及前片展开图（图 5–1–30）。

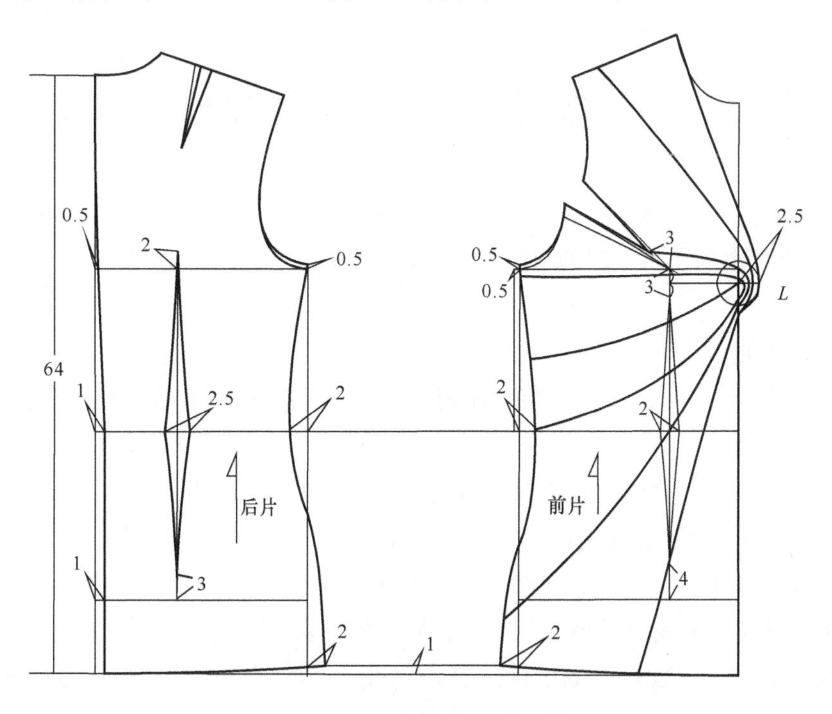

图 5–1–29　缠绕褶衬衫结构图

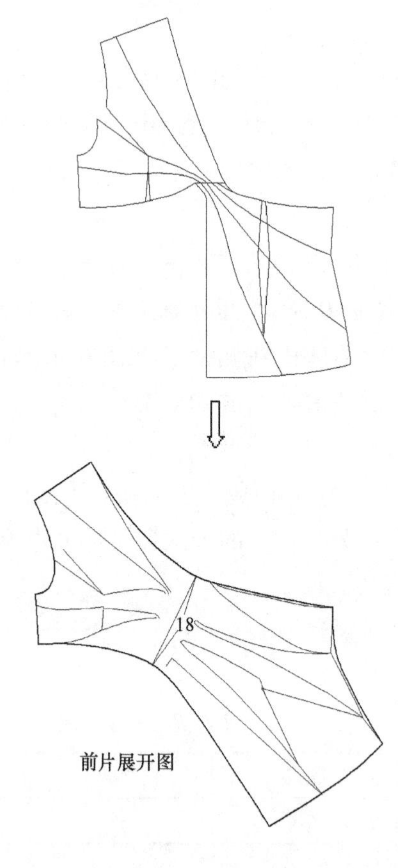

图 5-1-30　前衣片展开图

第二节　外套纸样设计

外套是指女性穿着在衬衫外面的上衣，通常在春秋季节外穿。外套穿着范围较广、分类形式较多，是女装上衣不可或缺的单品。

一、外套分类

1. **按形态分类**　可分为女西装、休闲女装、马甲、披肩套装、夏奈尔套装等，如图 5-2-1 所示。

（1）女西装：类似男式西装款式，精致，硬朗，常穿着于正式场合。

（2）休闲女装：感觉宽松的运动上衣。钉有盾形章式纽扣等装饰。

（3）马甲：无袖款式的上衣，可以是休闲风，也可以是正装风格。

（4）披肩套装：带有披肩的上装或者披肩式的上装。

（5）夏奈尔套装：法国著名设计师夏奈尔设计的西服。通常是优雅的廓形，镶边，粗花呢款式。

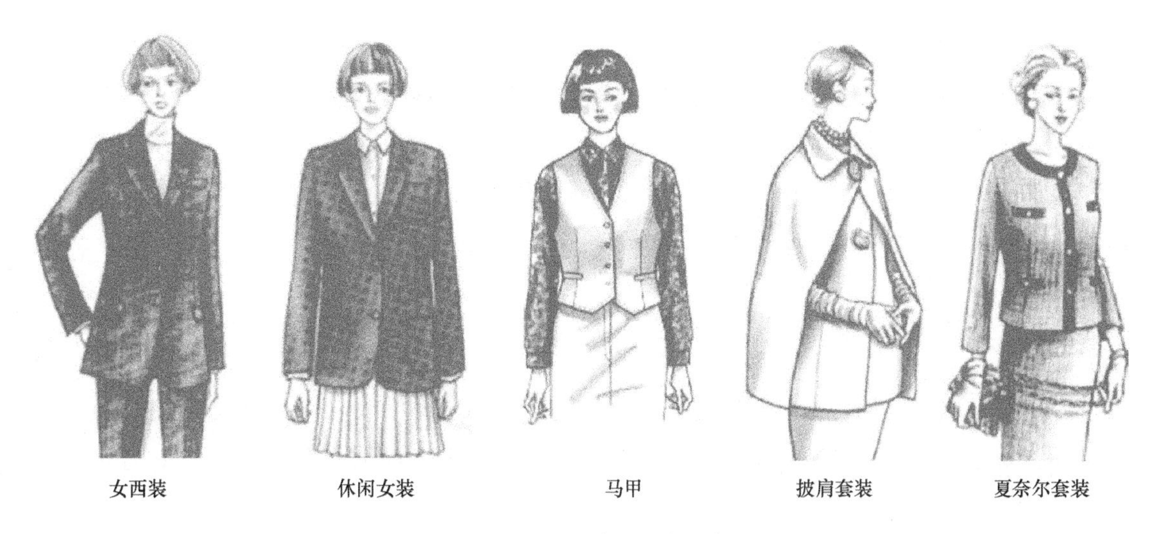

图 5-2-1 女外套按形态分类

2. **按放松量分类**

（1）合体型：胸围放松量 0~6cm，一般胸腰差 18cm 以上。

（2）较合体型：胸围放松量 6~12cm，一般胸腰差 12~18cm。

（3）较宽松型：胸围放松量 12~18cm，一般胸腰差 6~12cm。

（4）宽松型：胸围放松量大于 18cm，一般胸腰差 0~6cm。

3. **按造型分类**

（1）A 型：窄肩宽摆，从肩部至上衣底摆呈正梯形款式。

（2）H 型：直身款式，腰部不收腰省，下摆和腰部、肩部几乎同宽。

（3）X 型：腰部合体款式，强调女性腰部曲线，下摆展开。

（4）T 型：宽肩窄摆，强调肩部的硬朗，衣身渐渐变窄，整体呈倒梯形款式。

（5）O 型：上下较窄，中间宽松的款式，一般要用硬挺的面料达到泡泡的效果。

二、外套纸样艺术设计

1. **青果领马甲**

（1）款式特点。该款式为较合体风格的无袖马甲，青果领设计，前片腰部左右各收两个省，后片各收一个腰省。整体造型显得时尚干练，深受都市女性喜欢（图 5-2-2）。

图 5-2-2 青果领马甲款式图

（2）结构设计要点。

①如图 5–2–3 所示，后片肩省的 2/3 转移到袖窿为袖窿松量，余下的 1/3 作为肩部吃势；前片胸围的 1/4 留在袖窿为松量，余下的 3/4 为胸省。

②根据款式，前、后肩线长取 6cm。前、后袖窿各上抬 1cm，画顺前、后袖窿弧线；侧缝在腰节处各收进 1cm，侧缝在下摆处各放出 2cm，抬高 1cm。

③胸围在后中心线处收进 0.5cm，腰节处收进 1cm，垂直到底摆，作后腰省，将后腰省延长至底摆作分割线。贴边从后中心线下降 4cm 作水平线至袖窿线 3cm 处作弧线，延伸至袖窿底部。

④前片根据款式，作两个前腰省，分别延伸至底摆作分割线；将胸省转移到靠近前中心线的腰省中。贴边从袖窿底部 3cm 水平延伸至前中心线 6cm 处作弧线，竖直延伸至底摆。

⑤从腰围线向下 3cm 确定青果领下驳折点，然后根据西装驳领的制图方法绘制青果领。

（3）设定规格（表 5–2–1）。

表5–2–1　青果领马甲规格表　　单位：cm

号 / 型	部位	衣长（L）	胸围	腰围	底领宽（a）	翻领宽（b）
160/84A	规格	60	96	80	1.5	3.5

（4）结构图（图 5–2–3）。

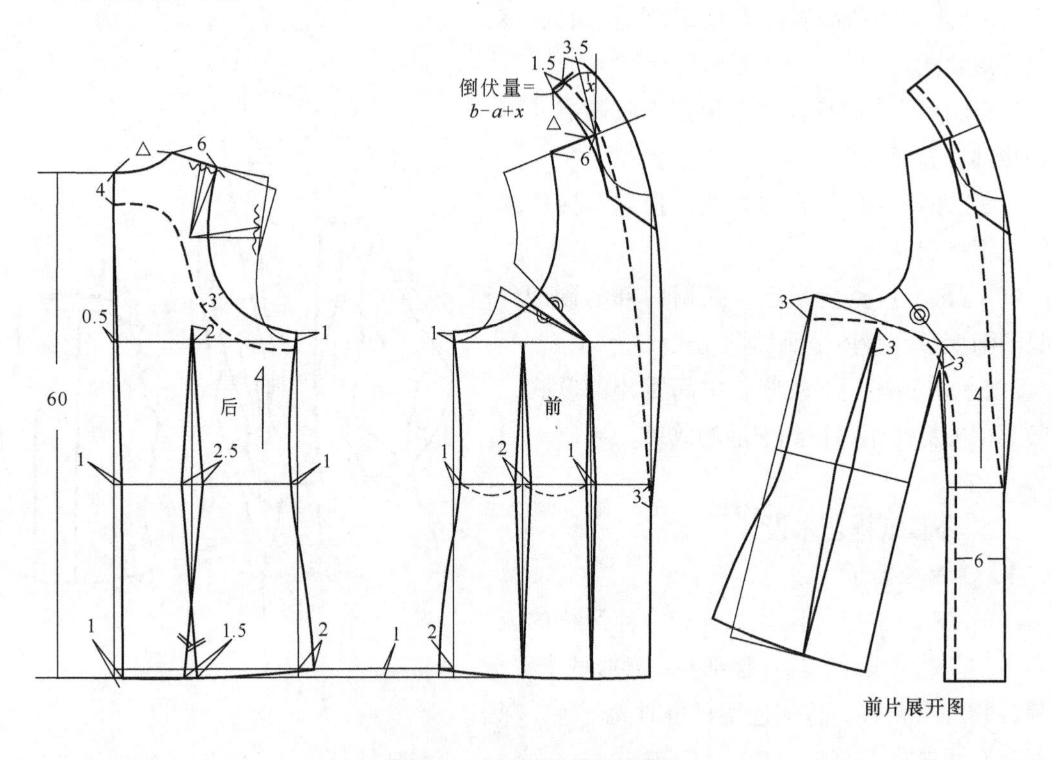

图 5–2–3　青果领马甲结构图

2. 连领贴体女西装

（1）款式特点。该款式为较贴体风格的时尚职业女西装。领口为连立领效果；合体长袖，前片有侧缝省和腰省，整体服装造型显得干练；变形的贴袋设计，突出服装的时尚感（图5-2-4）。

图 5-2-4　连领贴体女西装款式图

（2）结构设计要点。

①后片肩省的2/3转移到袖窿为袖窿松量，余下的1/3作为肩部吃势；前片胸围的1/4留在袖窿为松量，余下的3/4为胸省转移到侧缝省。

②前片胸围在侧缝收进1cm，后片胸围在侧缝收进0.5cm，重新确定前、后侧缝线。在此基础上前、后腰围各收进1cm，下摆各上抬1cm，放出2cm。后中心线在胸围线处收进0.5cm，腰围线处收进1cm，垂直向下。

③后横开领开大2.5cm，直开领开深2cm作后领弧线。前、后肩点分别在袖窿处分别上抬2/3垫肩厚，量取后肩斜线□，前肩斜线为□ -0.6cm，重新画好肩斜线。根据款式以此点作肩斜线的垂线，长度为后领弧长▲，离此垂线1cm作此垂线的切线，作为后领弧长，作切线的垂线长3.5cm为后领宽，用合适的弧线连接上领线，领缺口，连接至门襟。

④完成前、后片省道。前片的口袋长6cm，宽16cm。腰围线向下3cm，腰省向前中心线5cm，定口袋的右上角位置，竖直向下6cm作口袋一边。作袋宽16cm，左上角距离腰围线1cm，竖直向下6cm，下口再向侧缝偏移1cm，作口袋的另一边。

⑤作两片袖。

a. 基础线：上、下平线的长度为袖长56cm，袖肘线，距离上平线SL/2+3cm。袖肥为5/*B*-0.5cm。在衣身上量取袖窿弧长AH，在上平线与左垂线的交点处作斜线与右垂线相交，长度为AH/2，交点至上平线的距离为两片袖的袖山高，过交点作上平线的平行线为袖山深线。将袖肥两等分，向前袖片移动0.5cm作为袖山顶点，过袖山顶点作垂线，为袖中线。

b. 袖山弧线：将后袖山高五等分，连接袖山顶点至2/5等分点作大袖后袖山弧线的辅助线，将辅助线三等分，1/3处作垂线长1.3cm，作第一个辅助点；第二个辅助点为2/5等分点；过3/5等分点作水平线向外距离2.6cm，作第三个辅助点；将前袖山高四等分，连接袖山顶点至3/4等分点作大袖前袖山弧线的辅助线，将辅助线三等分，1/3处作垂线长2.4cm，作第一个辅助点；第二个辅助点为3/4等分点；在右袖肥线上作水平线向外距离2.8cm，垂直向上0.5cm，作第三个辅助点，用合适的凸型弧线连接这些辅助点，即大袖的袖山弧线，且与上平线相切。后片3/5等分点作水平线向内距离2.6cm，作小袖后袖山弧线第一个辅助点；前袖肥线上水平线向内距离2.8cm，垂直向上0.5cm，作第二个辅助点，用合适的凹型弧线连接辅助点，即小袖的袖山弧线，且与袖肥线相切。

c. 袖缝线和袖口线：分别在大、小袖前袖缝直线的袖肘处凹进1cm，在袖摆处上抬1cm，作大、小袖的前袖缝线。将前袖缝直线在袖口处上抬1cm，从此点画出袖口线，袖口宽13cm，后袖口距离袖口线1cm。连接后袖口至后袖肥的交点，与袖肘的交点为A，后袖缝直线与袖肘的交点为B。取AB的中点，分别离中点1.5cm作大、小袖后袖缝线的辅助点。从大、小袖的后袖山弧线引出后袖缝线，经过辅助点，最终在袖衩9cm的地方重合至后袖口。袖衩长9cm，宽2cm。

（3）设定规格（表5-2-2）。

表5-2-2 连领贴体女西装规格表 单位：cm

号/型	部位	衣长（L）	胸围（B）	腰围	垫肩厚	立领宽	袖长（SL）	袖口围
160/84A	规格	56	92	76	1.2	3.5	58	26

（4）结构图（图5-2-5）。

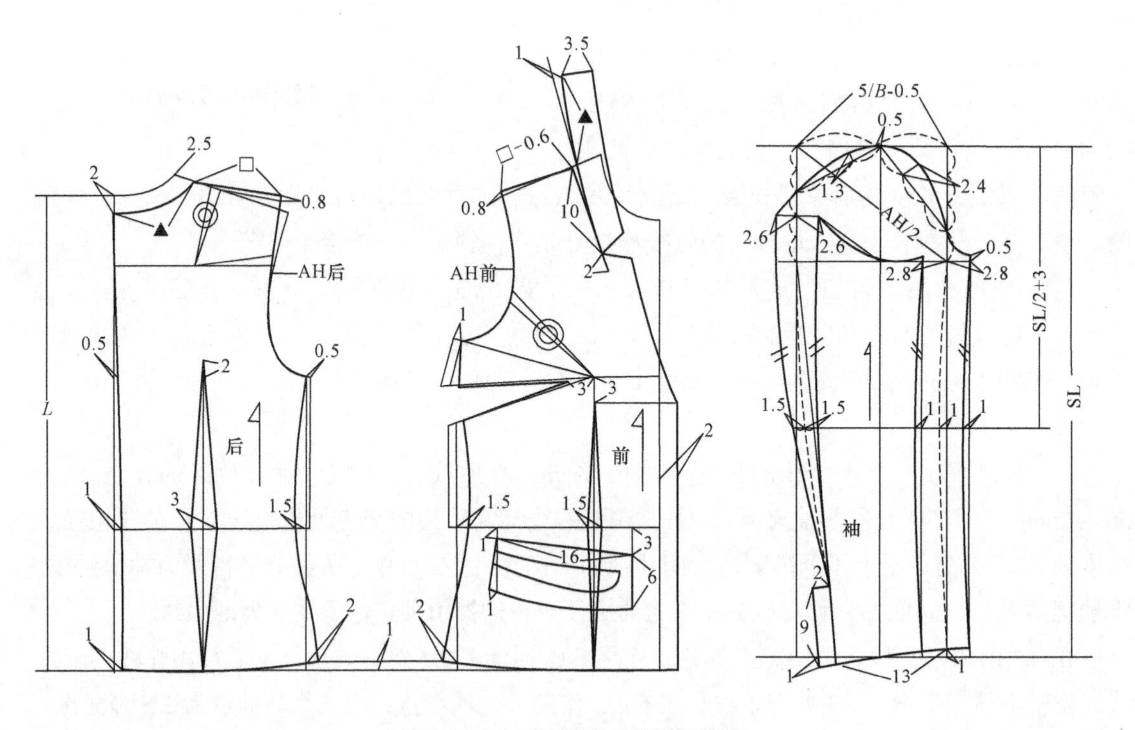

图5-2-5 连领贴体女西装结构图

3. 插肩袖短上衣

（1）款式特点。该款式为贴体风格的立领开襟短外套，单立领，暗门襟明纽扣一粒，七分插肩袖款式，袖身分割，分割线下抽褶，前后袖中缝拼合。整体服装显得活泼、时尚（图5-2-6）。

（2）结构设计要点。

①后片肩省的 2/3 转移到袖窿为袖窿松量，余下的 1/3 作为肩部吃势；前片胸围的 1/4 留在袖窿为松量，余下的 3/4 为胸省分解至袖窿与侧缝起翘。

②前片进行撇胸处理，撇胸量为 1.5cm，具体方法请参考无领结构设计。

③前、后肩点分别在袖窿处分别上抬 2/3 垫肩厚，量取后肩线为□，前肩线长□ -0.5cm，重新画好肩斜线。前、后肩斜线各延伸 1.5cm 分别作袖长，袖长线斜度为 45°，袖长 34cm。

图 5-2-6　插肩袖短上衣款式图

④根据款式分别作前、后插肩袖的分割线。前片分割线从门襟 4cm 处到前胸宽线 7cm 作弧线。前袖肥 $B/5-1.5$cm。袖身分割，在袖口 10cm 处作分割线，袖下片宽 8cm，抽褶。袖上片 5cm。后片分割线从后中心 8cm 处到后背宽线 7cm 作弧线。后袖肥 $B/5-0.5$cm。袖身分割，在袖口 10cm 处作分割线，袖下片宽 8cm，抽褶。袖上片 5cm。前后袖中缝拼合。

⑤衣身暗门襟，确定第一粒明纽扣位置。

⑥离前中心线 1.2cm 处定立领止点。领宽 3cm，量取前后领窝弧长，作立领。

（3）设定规格（表 5-2-3）。

表5-2-3　插肩袖短上衣规格表　　单位：cm

号 / 型	部位	衣长	胸围	腰围	垫肩厚	领座	袖长
160/84A	规格	43	92	92	1.5	3	34

（4）结构图（图 5-2-7）。

4. **多片分割合体外套**

（1）款式特点。该款式为较贴体风格的不规格分割斜襟外套，单立领，前片为不规则分割线与腰省的组合设计，后片刀背缝设计，整体效果时尚干练（图 5-2-8）。

（2）结构设计要点。

①后片肩省的 2/3 转移到袖窿为袖窿松量，余下的 1/3 作为肩部吃势；前片胸围的 1/4 留在袖窿为松量，余下的 3/4 为胸省转移至领省。

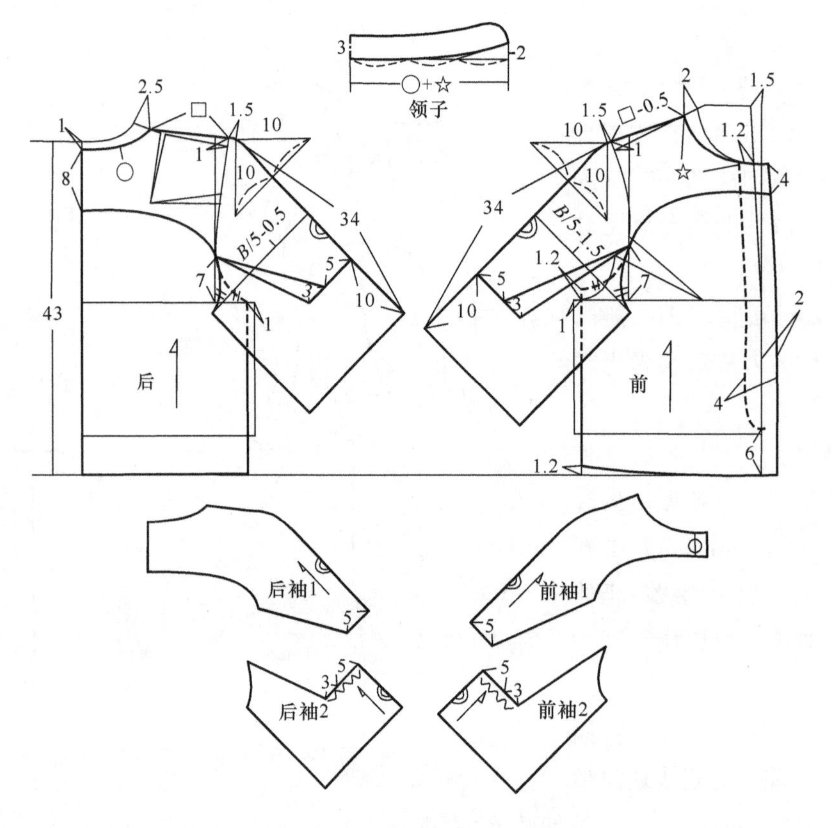

图 5-2-7 插肩袖短上衣结构图

图 5-2-8 多片分割合体外套款式图

②前、后横开领各开大 0.3cm，前直开领上抬 1cm，前、后肩点分别在袖窿处分别上抬 2/3 垫肩厚，重新画好肩斜线。前片胸围在侧缝收 0.5cm，后片胸围在后中心线收 0.5cm；前、后腰围在侧缝各收 1.5cm，后腰围在中心收 1cm；前、后下摆在侧缝各放出 1cm，抬高 1cm，后下摆在后中心线收 0.5cm。

③前片根据款式图设计驳头及斜门襟。将前领省转移到离 BP 点 4.5cm 的分割线处，作斜向分割线。作腰省及下摆分割线。后片在肩胛骨作刀背缝。

④量取前后领窝弧长，领宽 4cm，作单立领。

⑤袖子为两片袖结构，参考连领贴体女西装的西装袖结构制图，距后袖口11cm处作平开衩。

（3）设定规格（表5-2-4）。

表5-2-4　多片分割合体外套规格表　　单位：cm

号/型	部位	衣长（L）	胸围	腰围	垫肩厚	领座	袖长	袖口围
160/84A	规格	62	94	78	1.5	4	56	26

（4）结构图（图5-2-9）。

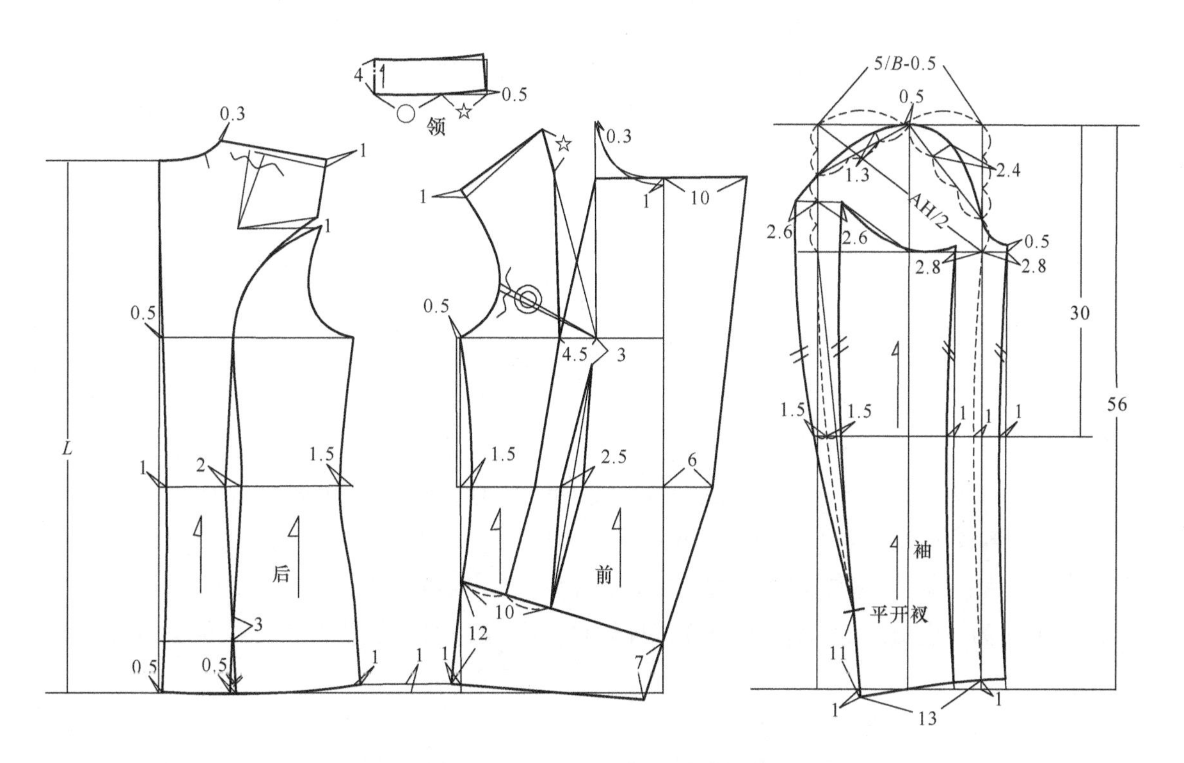

图5-2-9　多片分割合体外套结构图

5. 不对称门襟外套

（1）款式特点。该款式为较宽松风格的不对称门襟外套，圆领，前片为不对称门襟设计，一片式圆装袖，袖口分割，袖带装饰，整体效果大方简洁（图5-2-10）。

（2）结构设计要点。

①后片肩省的2/3转移到袖窿为袖窿松量，余下的1/3作为肩部吃势；前片胸围的1/4留在袖窿为松量，余下的3/4转移至袖窿与侧缝起翘1.5cm。

②前片进行撇胸处理，撇胸量为1.5cm，具体方法请参考无领结构设计。

③前横开领开大3cm，前直开领为11cm，画顺前领窝弧线。后横开领开大3.5cm，后直

图 5-2-10　不对称门襟外套款式图

开领开深 0.7cm，画顺后领窝弧线。前、后肩点分别在袖窿处分别上抬 2/3 垫肩厚，量取后肩线为□，前肩线长□ -0.5cm，重新画好肩斜线。前、后胸围在侧缝处各放出 1cm；前、后下摆在侧缝处各放出 2cm，抬高 1.5cm。重新连接侧缝。

④前片左门襟根据款式作不对称设计。后片为一整片设计。

⑤袖子为一片式圆装袖，离袖口 5cm 设计分割线，袖中线装袖带，袖带长 10cm，宽 4cm。

（3）设定规格（表 5-2-5）。

表5-2-5　不对称门襟外套规格表　　单位：cm

号 / 型	部位	衣长（*L*）	胸围	垫肩厚	袖长	袖口围
160/84A	规格	62	100	1.5	56	28

（4）结构图（图 5-2-11）。

6. **腰部抽褶泡泡袖上衣**

（1）款式特点。该款式为较贴体风格的立领开襟收腰短外套，单立领，装门襟，四粒扣，前身收腰省。前后腰节线断开，腰节线下抽褶，泡泡袖。整体服装活泼，凸显女性身材（图 5-2-12）。

（2）结构设计要点。

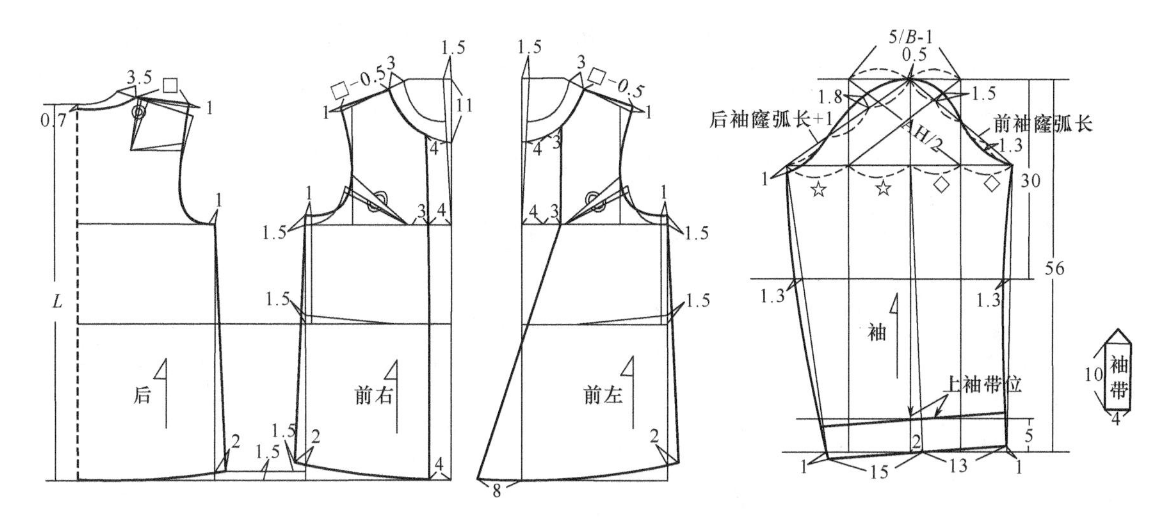

图 5-2-11　不对称门襟外套结构图

①后片肩省的 2/3 转移到袖窿为袖窿松量，余下的 1/3 作为肩部吃势；前片胸围的 1/4 留在袖窿为松量，余下的 3/4 转移至腰省。

②前片进行撇胸处理，撇胸量为 1.5cm，具体方法请参考无领结构设计。

③前、后肩点分别在袖窿处分别上抬 2/3 垫肩厚，量取后肩线为□，前肩线长□ - 0.5cm，重新画好肩斜线。前、后胸围在侧缝处各收 0.5cm；前、后腰围在侧缝处各收 2cm；前、后下摆在侧缝处各放出 1cm，抬高 1cm。重新连接侧缝。作口袋，口袋长宽各为 9cm，袋口长 10cm，宽 3cm。作前门襟宽 5cm，定四粒扣位置。作前、后片腰部分割线，分别收腰围线下腰省，然后均匀展开一定褶裥量。

图 5-2-12　腰部抽褶泡泡袖上衣款式图

④量取前后领窝弧长，领宽 3.5cm，作立领。

⑤在一片圆装袖的基础上，以 A、B 为圆心转动前后袖山高，转动后的袖山高上抬 6cm，后袖在落山线下降 1cm，画顺袖山弧线。则新的袖山弧长比原来的袖山弧长☆，根据款式均匀设计 4 个褶裥位置，每个褶裥的量为☆ /4。

（3）设定规格（表 5-2-6）。

表5-2-6 腰部抽褶泡泡袖上衣规格表 单位：cm

号/型	部位	衣长（L）	胸围	腰围	领宽	袖长	袖口围
160/84A	规格	58	94	78	3.5	56	26

（4）衣片结构图（图5-2-13）及泡泡袖结构图（图5-2-14）。

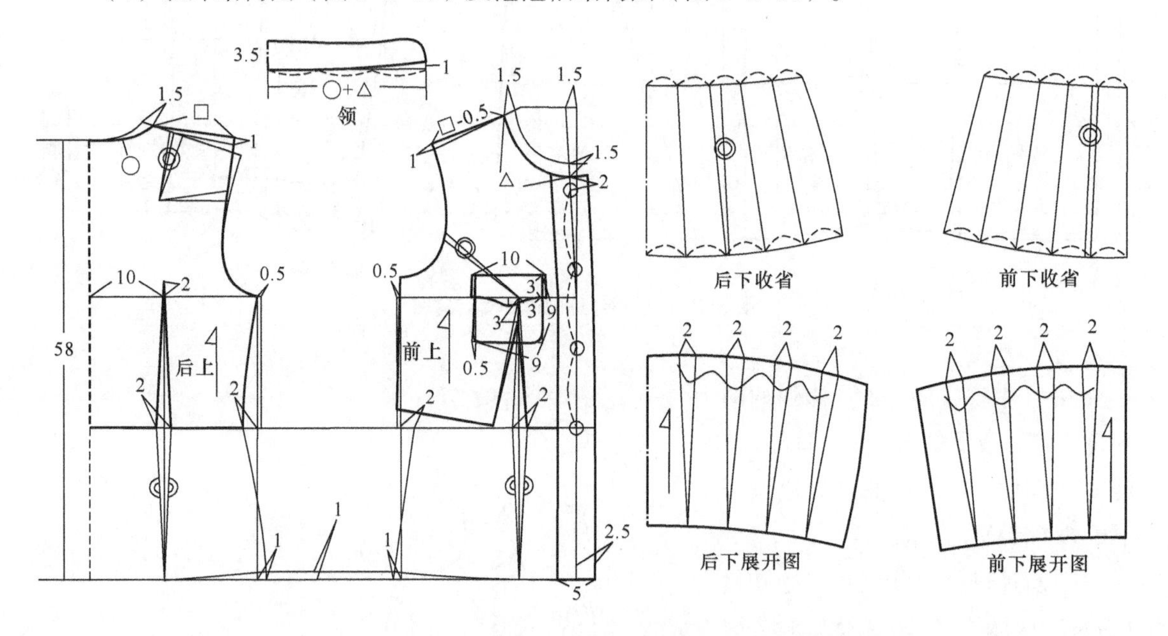

图5-2-13 衣片结构图

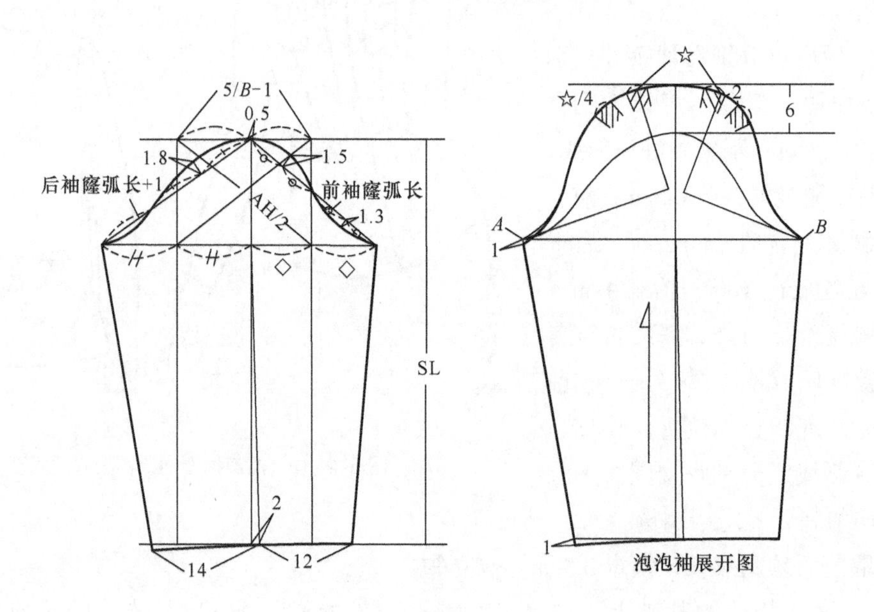

图5-2-14 泡泡袖结构图

7. 双排扣翻驳领时尚外套

（1）款式特点。该款式为较合体风格的企领时尚女西装，前片领省藏于企领和驳头中，后肩育克，刀背缝收腰，合体两片袖配较合体的衣身，有袋盖的立体贴袋军装风格（图 5–2–15）。

（2）结构设计要点。

①后片肩省的 2/3 转移到袖窿为后肩育克，余下的 1/3 作为肩部吃势；前片胸围的 1/4 留在袖窿为松量，余下的 3/4 转移至领省。

②前片进行撇胸处理，撇胸量为 1.5cm，具体方法请参考无领结构设计。

③前、后肩点分别在袖窿处分别上抬 2/3 垫肩厚，重新画好肩斜线。后胸围在侧缝处放出 0.5cm，后中心线处收进 0.5cm；前、后腰围在侧缝处各收 1.5cm，后腰围收进 2cm；前、后下摆在侧缝处各放出 1cm，抬高 1cm，后下摆收进 0.5cm，重新连接侧缝和后中心线。

④根据款式作出前片驳领的尺寸和位置，定两粒扣位置。前片在平行于侧缝 3cm 处作立体贴袋。

图 5–2–15　双排扣翻驳领时尚外套款式图

⑤根据翻立领的方法作结构图，底领宽 4cm，翻领宽 8cm。

⑥袖子为两片袖结构，参考连领贴体女西装的西装袖结构制图。

（3）设定规格（表 5–2–7）。

表5–2–7　双排扣翻驳领时尚外套规格表　　单位：cm

号 / 型	部位	衣长（L）	胸围	腰围	垫肩厚	袖长	袖口围
160/84A	规格	56	96	80	1.5	56	26

（4）结构图（图 5–2–16）。

8. **圆形育克短上衣**

（1）款式特点。该款式为宽松风格的连立领开襟短外套。连身立领，冒肩式圆育克套袖，开襟装拉链，前片分割线下有胸褶，后片分割线下有背褶，整体服装活泼时尚（图 5–2–17）。

（2）结构设计要点。

①后片肩省的 2/3 转移到袖窿为后肩育克，余下的 1/3 作为肩部吃势。立领在后中心线处宽 3cm，前中心线向里平移 0.4cm（装拉链），从 FNP 点作前领宽 3cm 交于前中心线，前、后颈侧点处宽 2.5cm，前、后肩点分别在袖窿处分别上抬 2/3 垫肩厚，向外放 2cm，画好连身立领及肩斜线。

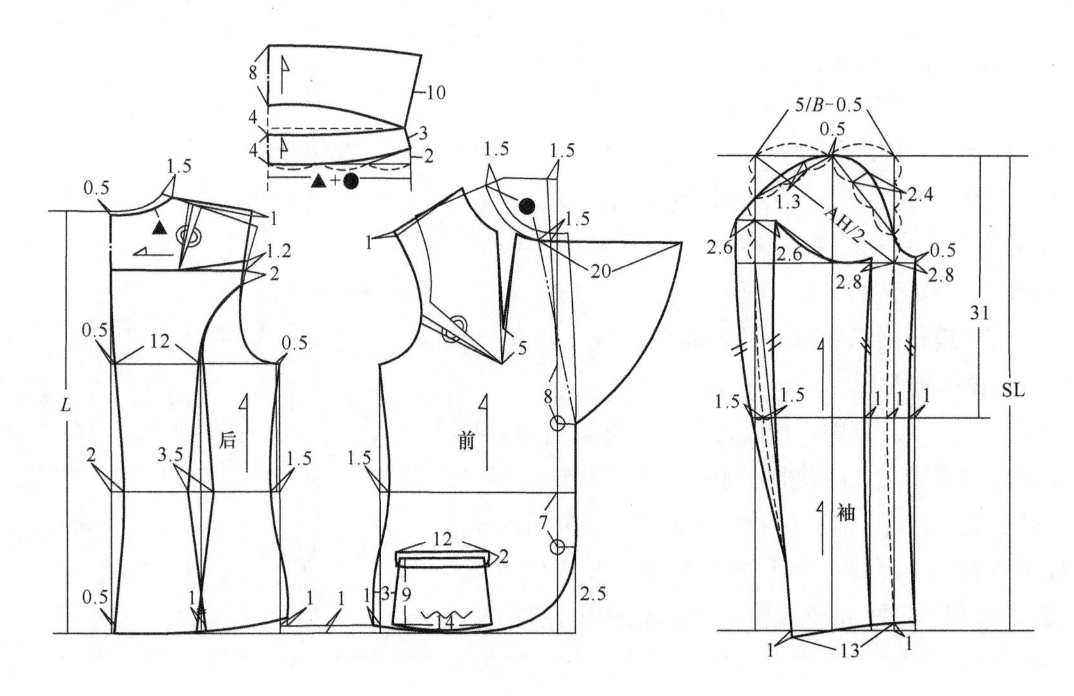

图 5-2-16　双排扣翻驳领时尚外套结构图

图 5-2-17　圆形育克短上衣款式图

②从前衣片的肩点引出水平线与垂线段 10cm，作角平分线，长度为实际的袖长，前袖山高 13cm，袖肥 *B*/5-1.5cm；从后衣片的肩点引出水平线与垂线段 10cm，高于 0.5cm 的角平分线作袖长，长度为实际的袖长，后袖山高 13cm，袖肥 *B*/5-0.5cm。

③前育克宽 11cm，作圆形弧线，交于袖中线 5cm 处，将前片胸围的 1/4 留在袖窿为松量，余下的 3/4 转移至前褶裥中，具体方法为：以 BP 点为圆心，作前育克的垂线，交点 *M*。逆时针转动下片，则 *M* 点转移到 *M′*。作 *MN* 平行于前中心线，固定 *N* 点，将前褶裥放大 5cm。

④后育克宽 13cm，作圆形弧线，交于袖中线 5cm 处，后腰节线上离后中心 8cm 处固定，将后背褶裥放大 5cm。

（3）设定规格（表 5-2-8）。

表5-2-8　圆形育克短上衣规格表　　单位：cm

号 / 型	部位	衣长（*L*）	胸围	垫肩厚	领宽	袖长	袖口围
160/84A	规格	43	96	1.5	3	56	23

（4）结构图（图 5-2-18）。

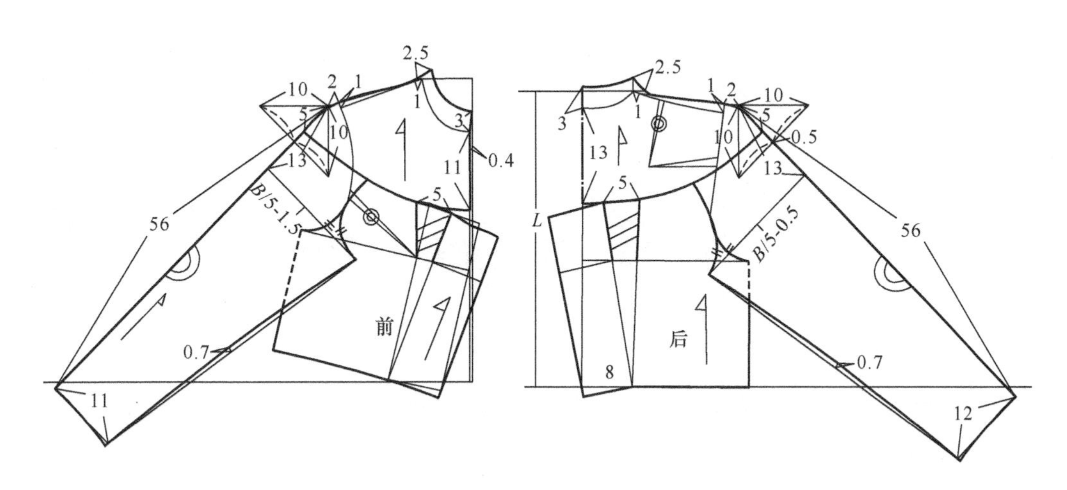

图 5-2-18　圆形育克短上衣结构图

思考练习题

1. 衬衫可按哪几种形式分类？
2. 肩对上衣纸样设计有何影响？
3. 外套可以按哪几种形式分类？
4. 选择本章的衬衫款式进行结构制图与纸样制作，制图比例分别为 1 ∶ 1 和 1 ∶ 5。
5. 选择本章的外套款式进行结构制图与纸样制作，制图比例分别为 1 ∶ 1 和 1 ∶ 5。
6. 收集整理时尚流行女衬衫，选择 3~5 款进行结构制图与纸样制作。
7. 收集整理时尚流行女外套，选择 3~5 款进行结构制图与纸样制作。

第六章　成衣纸样综合设计

第一节　连衣裙纸样设计

连衣裙是指将前后身和裙子连接成一体的服装，又称“连衫裙”“布拉吉”（俄语的汉译音）。连衣裙是女士喜欢的夏装首选之一，在各种款式造型中被誉为“时尚皇后”，是变化万千、种类最多的款式。

一、连衣裙分类

1. **按廓型分**　可分为 H 型、X 型、A 型、Y 型连衣裙，如图 6-1-1 所示。

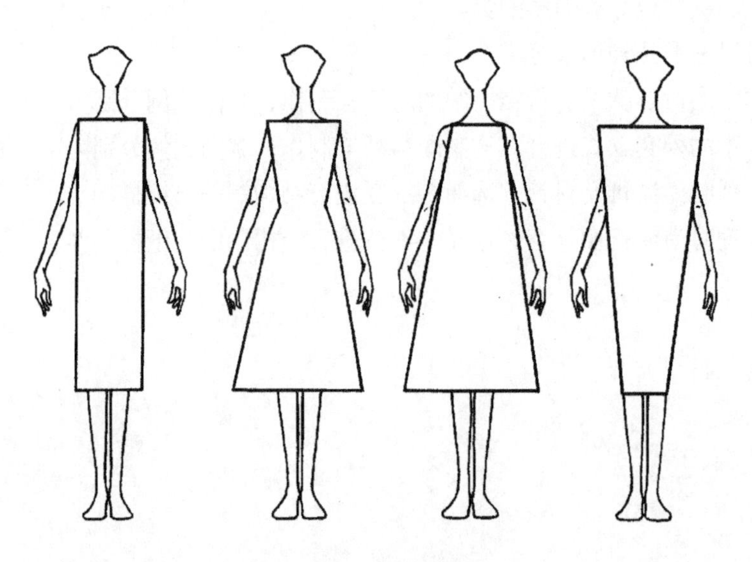

图 6-1-1　连衣裙廓形图

（1）H 型（直筒型）：比较宽松、不强调人体曲线、下摆稍收进，呈直线外轮廓形，也称箱型轮廓。常见于运动型及有军装风格的连衣裙，避免采用薄型且透明的面料。

（2）X 型（合体兼喇叭型）：上身贴合人体，腰线以下呈喇叭状，是连衣裙最基本的款型。可采用纱向不易变动的棉、麻、化纤织物、毛科等。

（3）A 型（梯型）：肩宽较窄，从胸部到底摆自然加入喇叭量，底摆较大，整体呈梯形。是一款可包住人体且掩盖住人体曲线的经典廓型，造型线或细节处于梯形上部衣身才比较平衡。选择略带弹性，织物组织比较紧密，纱向不易改变的材料更能体现梯型轮廓的美。

（4）Y 型（倒三角型）：上半身的肩部较宽、向底摆方向衣身渐渐变窄，整体呈倒立的三角形。比较适合于肩宽较宽，臀部较窄的人。设计时可选择育克分割，在分割线上抽褶，或是在衣身上装袖与肩章，且要尽量显得肩部端平、结实。选择略带弹性或结实、有硬度的材料较好。

2. **按腰部分割线分**　可分为连腰型和接腰型连衣裙两大类。

（1）连腰型：衣身与裙子相连无接缝的连体式连衣裙。多采用纵向分割，如公主线型、刀背线型等，如图 6–1–2 所示。

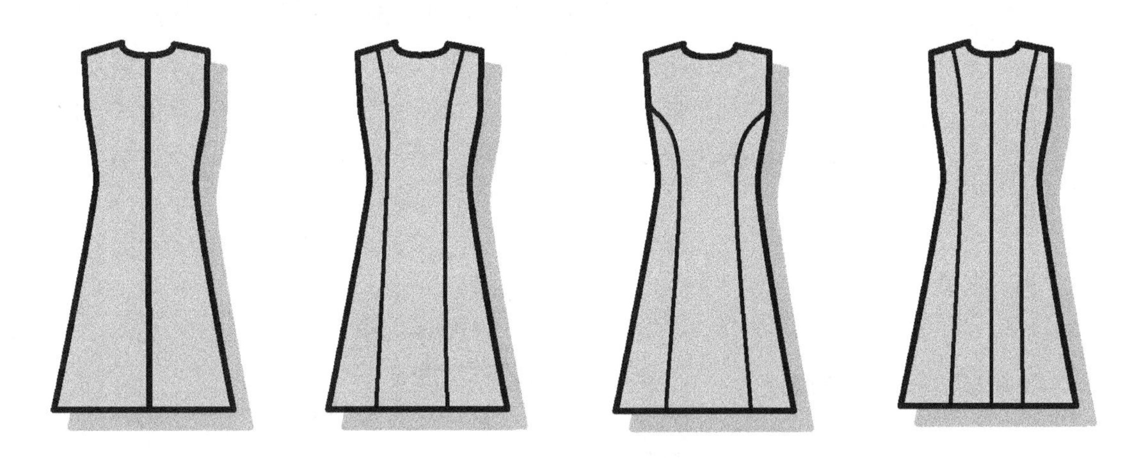

图 6–1–2　连腰型连衣裙

（2）接腰型：衣身和裙子拼缝连接式连衣裙。有育克型、高腰型、标准型、低腰型、下摆型，如图 6–1–3 所示。

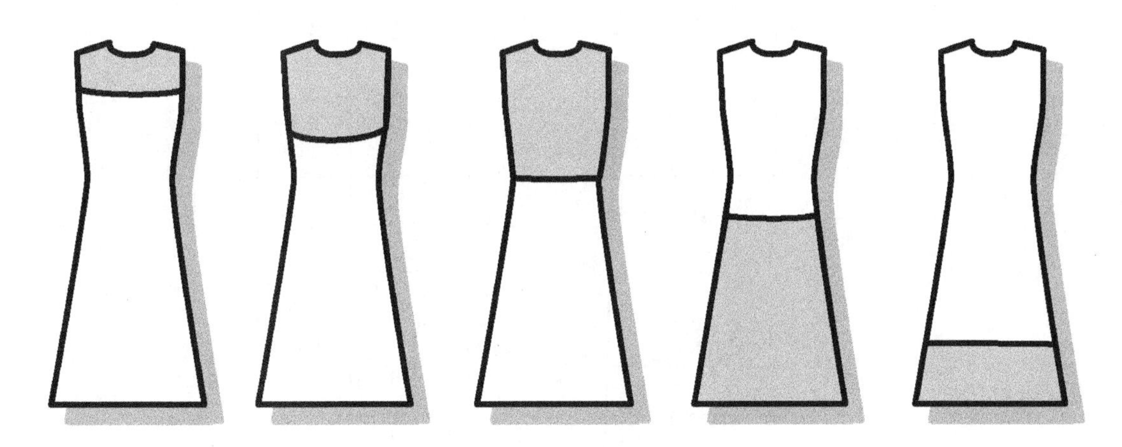

图 6–1–3　接腰型连衣裙

①育克型：在胸背以上的肩部接缝，形成横向育克分割线。

②高腰型：在正常腰位线以上、胸部以下的位置接缝，多为收腰、宽摆的形状。

图 6-1-4　直筒型宽松连衣裙款式图

③标准型：在正常的腰位线处接缝，俗称“中腰节连衣裙”。

④低腰型：在臀围线以上、正常腰位线以下的位置接缝，裙摆造型呈喇叭形或抽褶形、褶裥形等。

⑤下摆型：在臀围线以下的裙摆处接缝。

二、连衣裙纸样艺术设计

1. 直筒型宽松连衣裙

（1）款式特点。A 型连腰式连衣裙，内外两层，宜取撞色搭配，新颖时尚。鸡心领，装袖臂，前裙片左侧纵向分割至腰部，右侧裙摆处斜向分割装饰，后片短于前片，内层短于外层（图 6-1-4）。

（2）结构设计要点。

①如图 6-1-5 所示，后片肩省的 2/3 转移到袖窿为袖窿

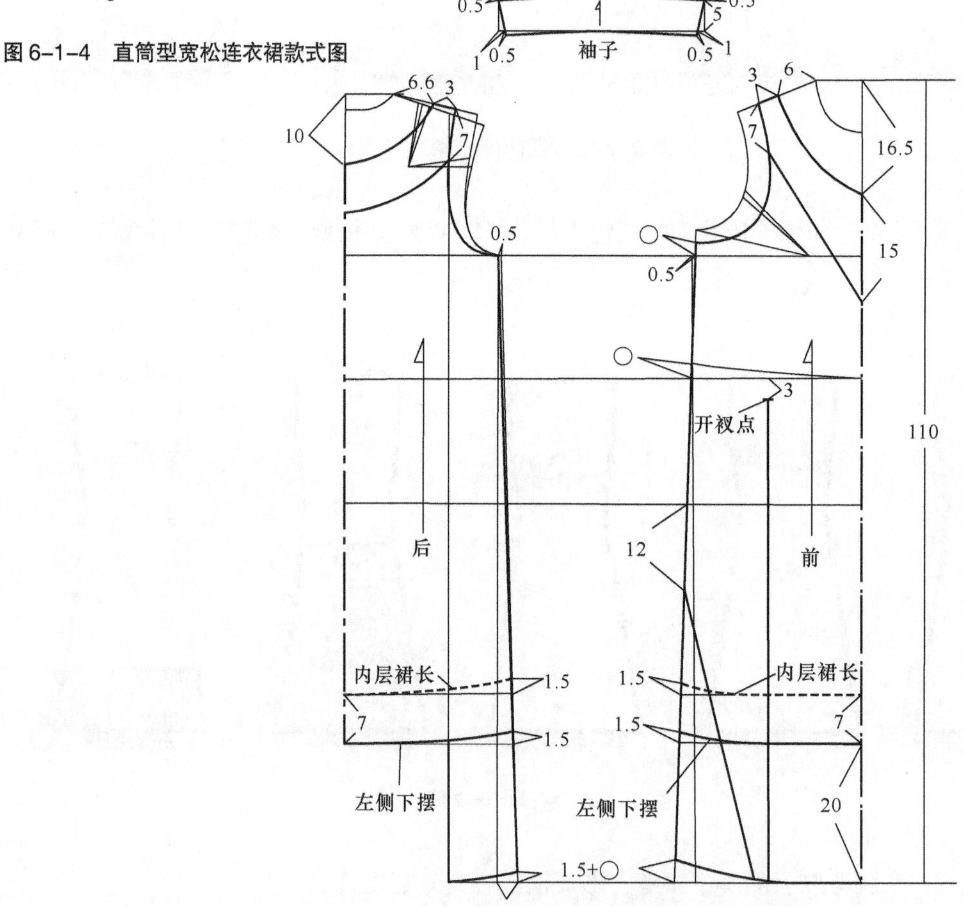

图 6-1-5　直筒型宽松连衣裙结构图

松量，前片胸省的 1/4 留在袖窿为松量。

②前、后小肩宽 3cm，确定领宽、领深，分别画顺领口弧线、袖窿弧线。

③胸围松量在原型的基础上减少 2cm，前、后片侧缝胸围处收进 0.5cm。

④前、后片侧缝裙摆张开 3cm。

⑤后片比前片短 20cm，内层比外层短 7cm。

⑥袖窿肩点向下 7cm 上袖臂，宽 5cm。

（3）设定规格（表 6-1-1）。

表6-1-1　直筒型宽松连衣裙规格表　单位：cm

号 / 型	部位	外层裙长	内层裙长	胸围	袖口围	袖臂宽
160/84A	规格	110	83	94	28	5

（4）结构图（图 6-1-5）。

2. **收腰修身连衣裙**

（1）款式特点。收腰式接腰型连衣裙。前胸围以下至腰节横向褶裥 4 条，腰节以下裙片抽细褶，右侧缝装隐形拉链。圆领，一片式圆装短袖，袖身横向与衣身褶裥相协调，富有立体感（图 6-1-6）。

图 6-1-6　收腰修身连衣裙款式图

（2）结构设计要点。

①后片肩省的 2/3 转移到袖窿为袖窿松量，前片胸省的 1/4 留在袖窿为松量，余下的浮余量为腋下省。

②衣身收腰省长度至第二个裥低位，褶裥与衣身部位在此断开，暗分割线。

③连衣裙胸腰差量为 16cm，在腰节线上，后腰围收进 1+2.5+1.5=6cm，前腰围收进 1.5-0.5+2=3cm。

④衣身与袖子横向褶裥裥大 1cm，裥距 4cm。

⑤裙片平行展开，加碎褶量 $W/3$。

（3）设定规格（表 6-1-2）。

表6-1-2　收腰修身连衣裙规格表　单位：cm

号 / 型	部位	胸围	腰围	衣长	袖长
160/84A	规格	94	78	90	17

（4）连衣裙结构图（图6-1-7）及衣身、袖子展开图（图6-1-8）。

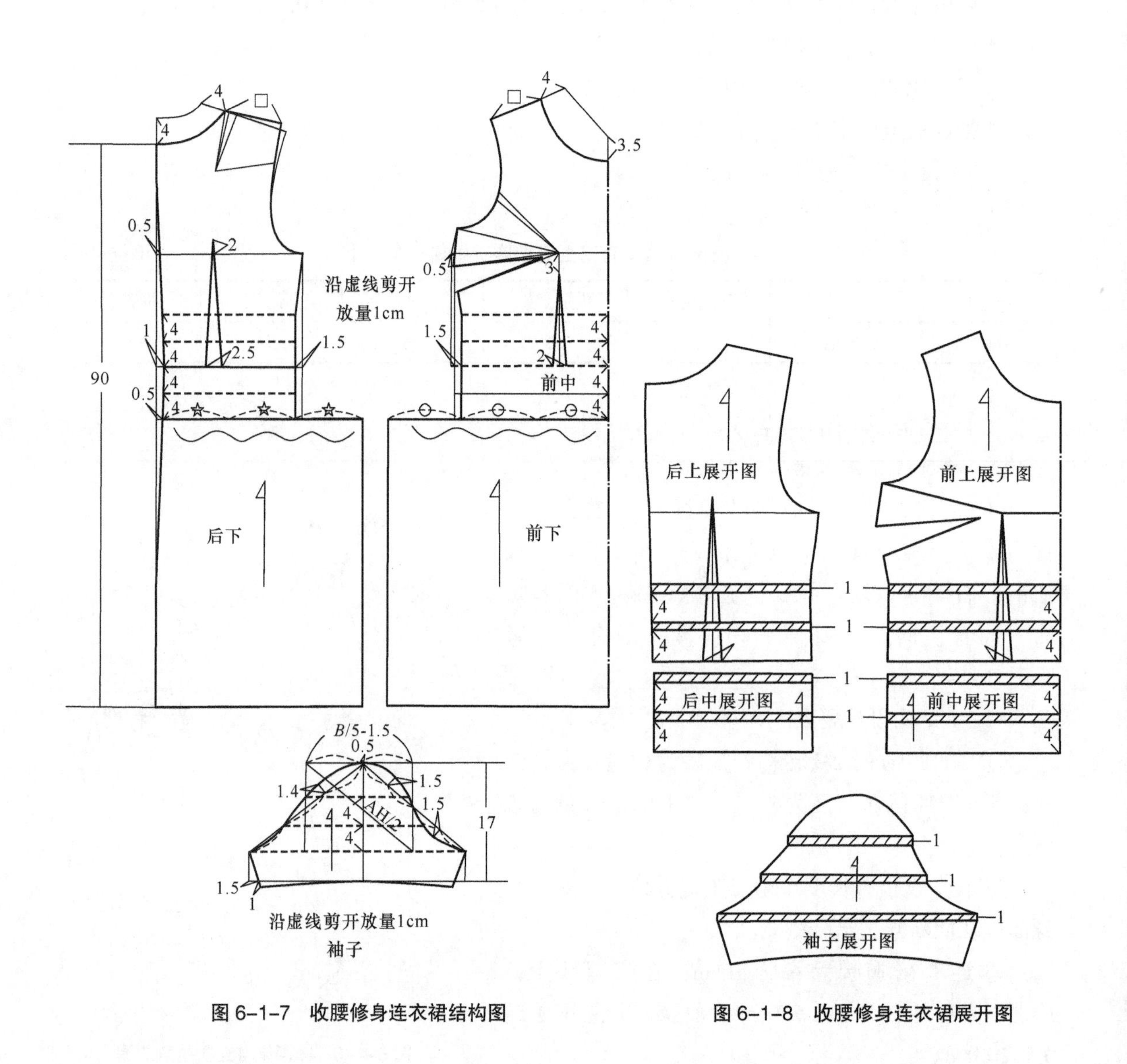

图6-1-7 收腰修身连衣裙结构图

图6-1-8 收腰修身连衣裙展开图

3. *披肩直身连衣裙*

（1）款式特点。一款适合都市职场丽人的披肩直身连衣裙，前后肩缝分割，分割线内插入披肩。圆翻领，后中连领子装隐形拉链（图6-1-9）。

（2）结构设计要点。

①后片肩省的4/5转移到肩缝，剩下1/5作为吃势量，前片胸省的1/4留在袖窿为松量，余下的3/4转移至肩缝。

②胸围放松量在原型基础上减少2cm，由于后肩缝在胸围处收进1cm，后背缝在胸围处

收进 0.5cm，故后衣片侧缝处放出 0.5cm。

③连衣裙胸腰差量为 20cm，在腰节线上，后腰围收进 1+2.5+2−0.5=5cm，前腰围收进 2+3=5cm。

④前后披肩拼合为整片。

⑤领子以前后领圈弧长为基础，后领宽 6cm，前领宽 8cm，倒伏量 5cm。

（3）设定规格（表 6−1−3）。

表6−1−3　披肩直身连衣裙款式图　　单位：cm

号 / 型	部位	胸围	腰围	衣长	袖长	翻领宽
160/84A	规格	94	74	90	55	6

（4）结构图（图 6−1−10）。

4. *收腰抽褶连衣裙*

（1）款式特点。休闲式连衣裙，无领，前开襟，褶裥位以上装拉链，腰节以上抽细褶，腰节以下缉褶。一

图 6−1−9　披肩直身连衣裙款式图

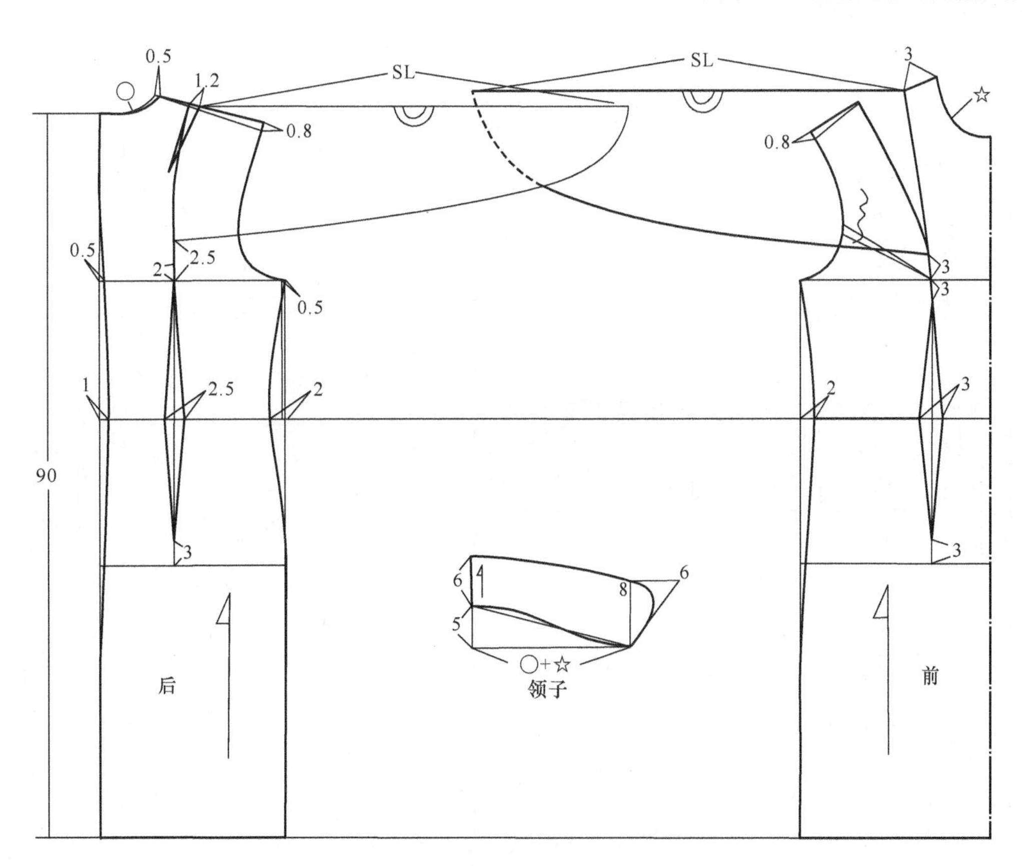

图 6−1−10　披肩直身连衣裙结构图

图 6-1-11　收腰抽褶连衣裙款式图

片式中袖，袖身加装饰拉链（图 6-1-11）。

（2）结构设计要点。

①后片肩省的 2/3 转移到袖窿为袖窿松量，前片胸省的 1/4 留在袖窿为松量，余下的 3/4 转移至腰节。

②胸围放松量在原型基础上增加 2cm，前、后片在侧缝胸围处放出 0.5cm。

③裙片平行展开，放出缉褶量，每个褶量为 2cm，褶距 3cm。

④合体式一片袖，由于袖中线向前倾 2cm，故后袖山下移 1cm。

（3）设定规格（表 6-1-4）。

表6-1-4　收腰抽褶连衣裙规格表　　单位：cm

号 / 型	部位	胸围	腰围	衣长	袖长	袖口围
160/84A	规格	98	74	110	46	30

（4）结构图（图 6-1-12）。

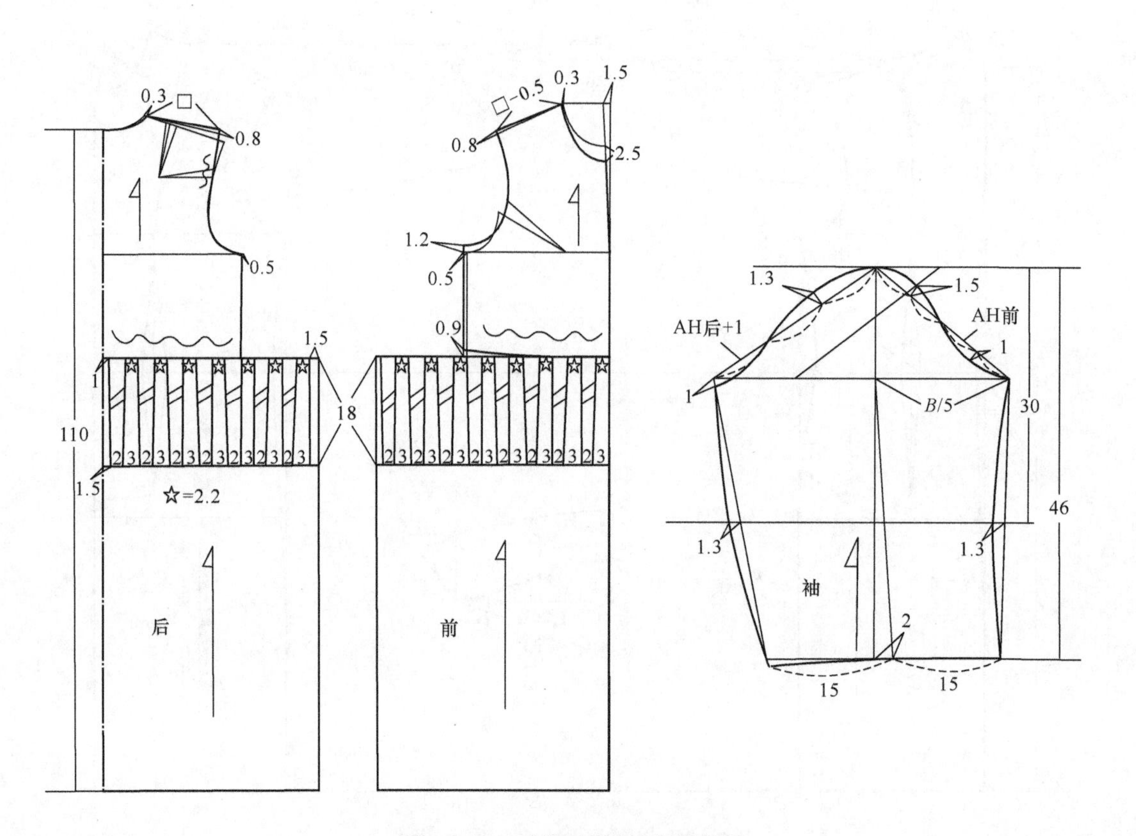

图 6-1-12　收腰抽褶连衣裙结构图

5．立领收腰连衣裙

（1）款式特点。收腰合体连衣裙，单立领，无袖，前身上段偏门襟，臀腹部横向育克分割，下段前后裙片呈喇叭形展开（图 6–1–13）。

图 6–1–13　立领收腰连衣裙款式图

（2）结构设计要点。

①后片肩省的 2/3 转移到袖窿为袖窿松量，前片胸省的 1/4 留在袖窿为松量，余下的 3/4 转移为腋下省。

②前片偏门襟，左右片为不对称结构。

③连衣裙胸腰差量为 14cm，在腰节线上，后腰围收进 2+2.5=4.5cm，前腰围收进 2.5cm。

④腰节线下 16cm 处断开，后片腰省量转移至横向育克线中。

⑤前后裙片分别自育克线向下延伸至下摆线画等分线，并作辐射展开，形成喇叭裙结构。

⑥单立领以前后领圈弧长为基础，后领宽 5cm，前中起翘 1.5cm，左领增加搭门量，右领减去搭门量。

（3）设定规格（表 6–1–5）。

表6–1–5　立领收腰连衣裙规格表　　单位：cm

号 / 型	部位	胸围	腰围	衣长	领座高
160/84A	规格	96	82	90	5

（4）连衣裙结构图（图 6–1–14）及裙片展开图（图 6–1–15）。

6. 腰部辐射褶连衣裙

（1）款式特点。连腰型连衣裙，前片为不对称结构，左前片以腰部弧线为中心向全身

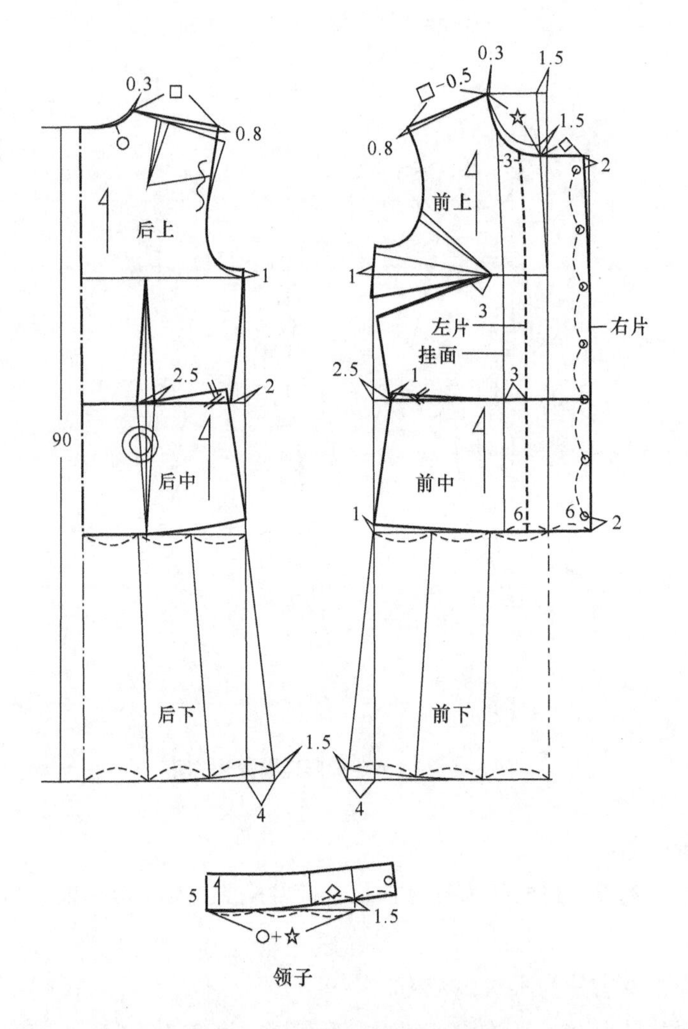

图 6–1–14 立领收腰连衣裙结构图

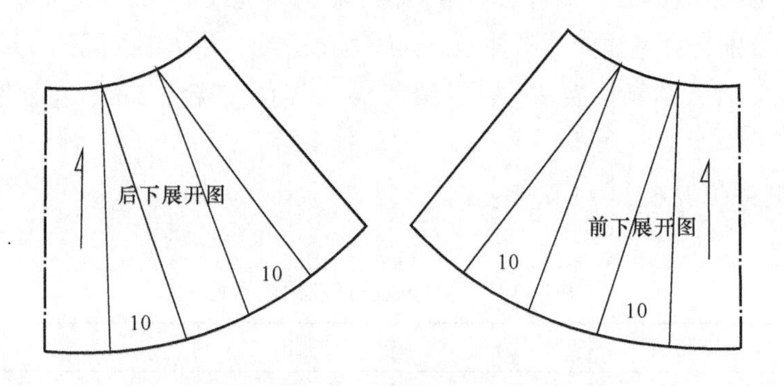

图 6–1–15 裙片展开图

上下发射细腻渐变的褶裥，不仅起到了收腰的效果，还产生了优美的动态感，衬托出女性亭亭玉立的体态，使服装更具有细节性和观赏性。后片左右各收两腰省，右侧缝处装拉链（图 6–1–16）。

（2）结构设计要点。

①后片肩省的 2/3 转移到袖窿为袖窿松量，前片胸省的 1/4 留在袖窿为松量，余下的 3/4 为胸省。

②胸围放松量在原型基础上减少 4cm，前、后片在侧缝胸围处收进 1cm。

③无袖结构，袖窿深抬高 1cm。

④连衣裙胸腰差量为 20cm，在腰节线上，后腰围收进 2+2+2=6cm，前腰围收进 2+2=4cm。

⑤作出完整裙前片基本型，根据款式，定出褶裥位置，将胸省、腰省量转移至褶裥分割线中，然后依次放出裥量辐射展开。

（3）设定规格（表 6–1–6）。

图 6–1–16　腰部辐射褶连衣裙款式图

表6–1–6　腰部辐射褶连衣裙规格表 单位：cm

号 / 型	胸围	腰围	臀围	领围	肩宽	裙长
160/84A	92	72	94	38	39	98

（4）裙片结构图（图 6–1–17）、前裙片分割图（图 6–1–18）及前裙片展开图（图 6–1–19）。

7. 领部折叠褶连衣裙

（1）款式特点。合体式接腰型连衣裙，前片领部褶折叠交叉，别具一格的结构处理不仅给服装带来了凹凸不平的韵律和立体感，使原本平淡的领部立刻跳跃起来，还可以修饰身材；腰部装腰，裙身为筒裙，后中下摆开叉，完美展现了女性优美的形体曲线（图 6–1–20）。

（2）结构设计要点。

①后片肩省的 2/3 转移到袖窿为袖窿松量，前片胸省的 1/4 留在袖窿为松量，余下的 3/4 为胸省。

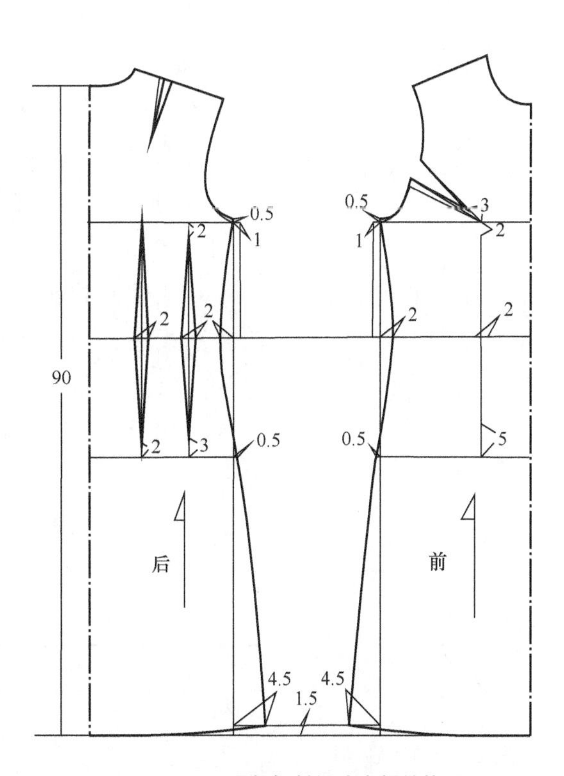

图 6–1–17　腰部辐射褶连衣裙结构图

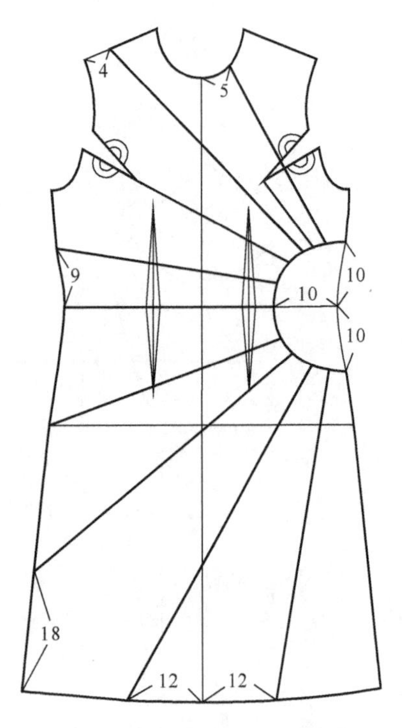

图 6-1-18　前裙片分割图

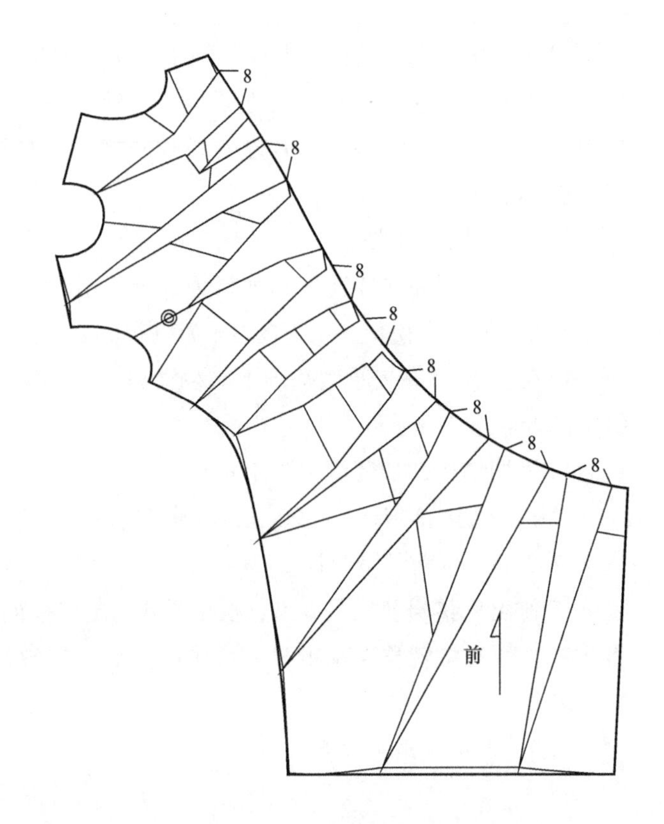

图 6-1-19　前裙片展开图

图 6-1-20　领部折叠褶连衣裙款式图

②胸围放松量在原型基础上减少 2cm，前、后片在侧缝胸围处收进 0.5cm。

③无袖结构，袖窿深抬高 1cm。

④无领结构，由于领宽较大，前领宽点下移 1cm。

⑤连衣裙胸腰差量为 18cm，在腰节线上，后腰围收进 3.5+1.5=5cm，前腰围收进 2.5+1.5=4cm。

⑥裙前片根据款式，定出褶裥位置，将胸省、腰省量转移至褶裥分割线中，并放出裥量辐射展开；由于交叉折叠，故前中交叉处剪开。

⑦裙片原型中两省并为一个省，省量 1.5○，侧缝处 0.5○（1 省 = ○）。

（3）设定规格（表 6-1-7）。

表6-1-7　领部折叠褶连衣裙规格表　　单位：cm

号 / 型	胸围	腰围	臀围	领围	肩宽	裙长
160/84A	94	76	96	38	39	98

（4）连衣裙结构图（图 6-1-21）及前衣片展开图（图 6-1-22）。

8. **插肩袖分割连衣裙**

（1）款式特点。接腰型较贴体连衣裙，无领式圆领口，插肩短袖，腰线上移，前后腰

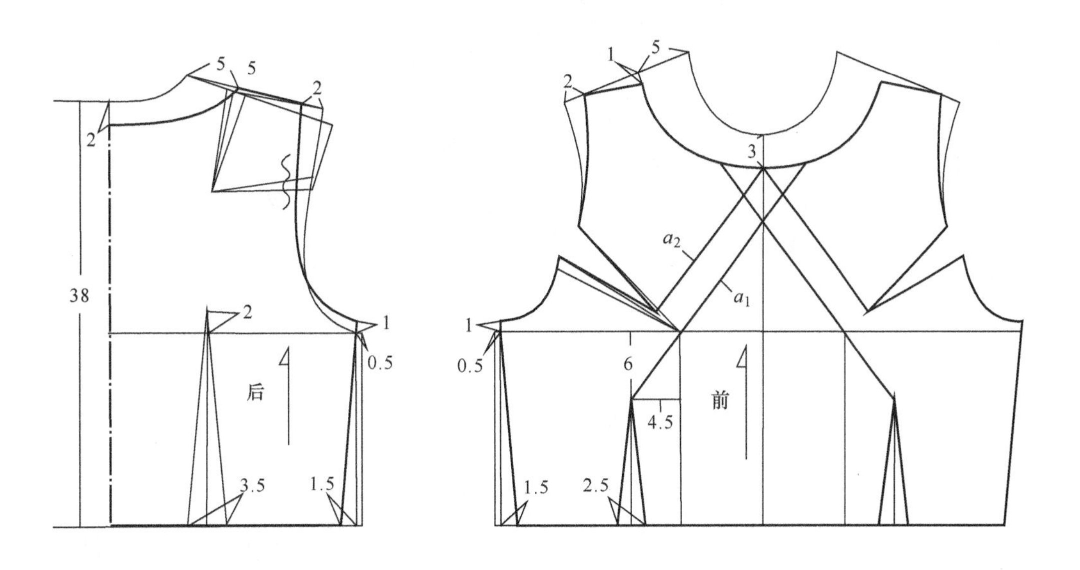

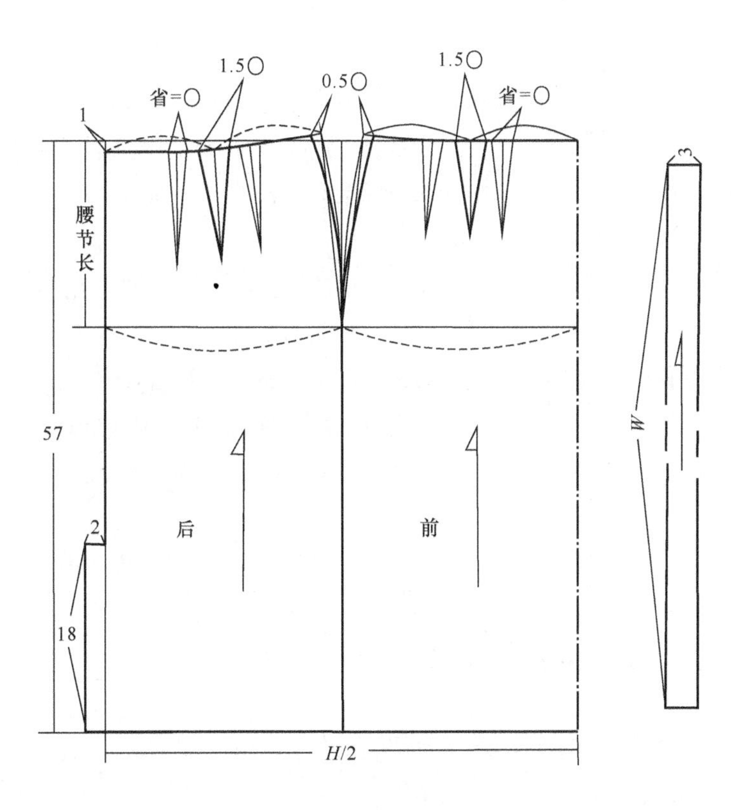

图 6-1-21　领部折叠褶连衣裙结构图

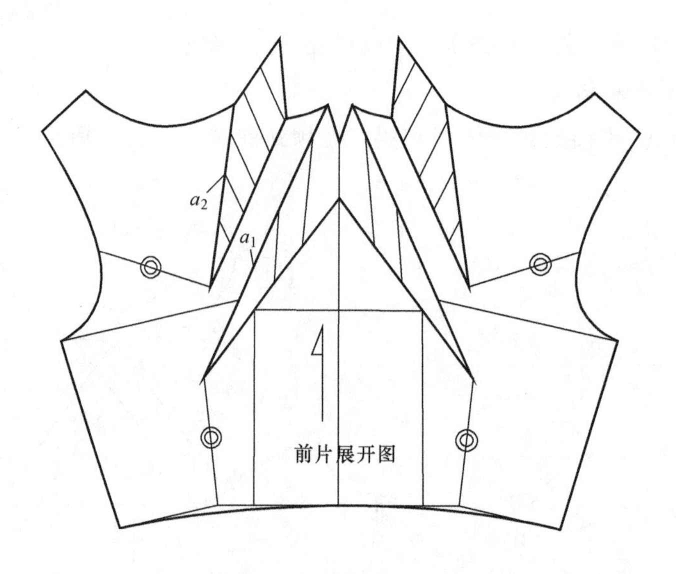

图 6-1-22 前衣片展开图

图 6-1-23 插肩袖分割连衣裙款式图

中部抽细褶，下摆钟形处理，立体感较强；侧缝处装拉链（图 6-1-23）。

（2）结构设计要点。

①后片肩省的 2/3 转移到领圈放至插肩分割线，前片胸省的 1/4 留在袖窿为松量，余下的 3/4 转为腋下省。

②胸围放松量在原型基础上减少 4cm，后片在后中及侧缝胸围处各收进 0.5cm，前片在侧缝胸围处收进 1cm。

③合体式插肩袖结构，装袖角度 45°。

④连衣裙胸腰差量为 16cm，在腰节线上，后腰围收进 1-0.5+3+1=4.5cm，前腰围收进 1+2.5=3.5cm。

⑤裙前后片根据款式在中线处平行放出褶量。

（3）设定规格（表 6-1-8）。

表6-1-8 插肩袖分割连衣裙规格表 单位：cm

号 / 型	部位	胸围	腰围	衣长	垫肩厚	袖长	袖口围
160/84A	规格	92	76	74	1.5	20	28

（4）连衣裙结构图（图 6-1-24）及裙片分解图（图 6-1-25）。

9. *双层波浪褶连衣裙*

（1）款式特点。一款俏丽青春的夏日接腰型连衣裙。半圆形双层波浪领，无袖，腰部

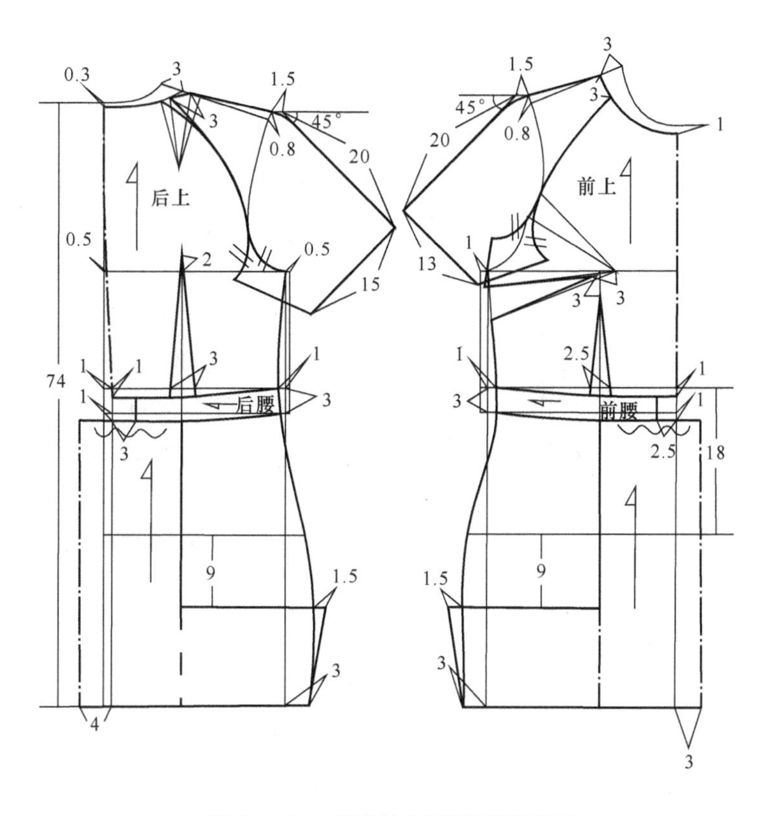

图 6-1-24　插肩袖分割连衣裙结构图

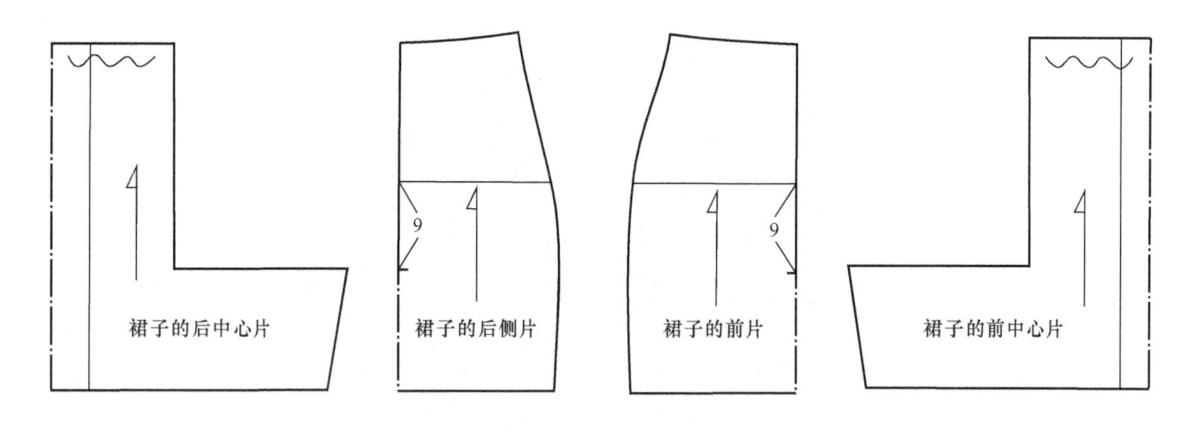

图 6-1-25　裙片分解图

收省，五层成梯度波浪状裙摆设计，活泼而又迷人；侧缝处装隐形拉链方便穿脱（图 6-1-26）。

（2）结构设计要点。

①后片肩省的 2/3 转移到袖窿为袖窿松量，前片胸省全部转移为腋下省。

②胸围放松量在原型基础上减少 4cm，前、后片在侧缝胸围处收进 1cm。

③无袖结构，袖窿深抬高 1cm。

④连衣裙胸腰差量为 18cm，在腰节线上，后腰围收进 3.5+1.5=5cm，前腰围收进 2.5+1.5=4cm。

⑤双层波浪领，领宽分别为 8cm、12cm，根据前领圈画出基本领型，均匀剪开放入平行褶量。

⑥裙片腰省量转移至分割线中为褶裥量，波浪通过裙基本型剪开平行展开。

（3）设定规格（表 6-1-9）。

表6-1-9 双层波浪褶连衣裙规格表 单位：cm

号/型	部位	胸围	腰围	衣长
160/84A	规格	92	74	80

（4）连衣裙结构图（图 6-1-27）、领子展开图（图 6-1-28）及裙片展开图（图 6-1-29）。

图 6-1-26 双层波浪褶连衣裙款式图

10. 波浪褶连肩袖连衣裙

（1）款式特点。一款新颖独特的 A 字连腰型连衣裙，高立领，连肩短袖，袖衩式门襟。

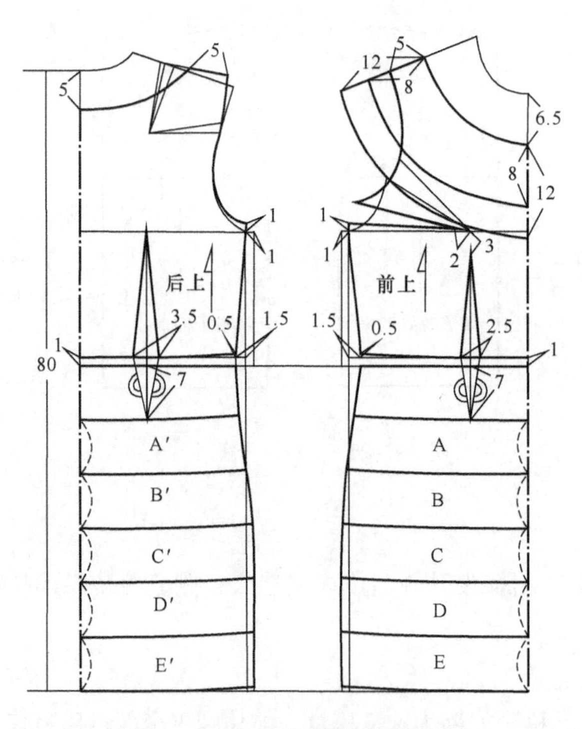

图 6-1-27 双层波浪褶连衣裙结构图

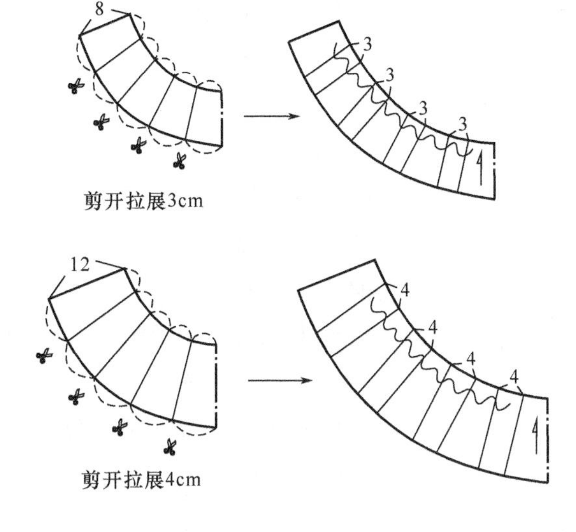

图 6-1-28　领子展开图

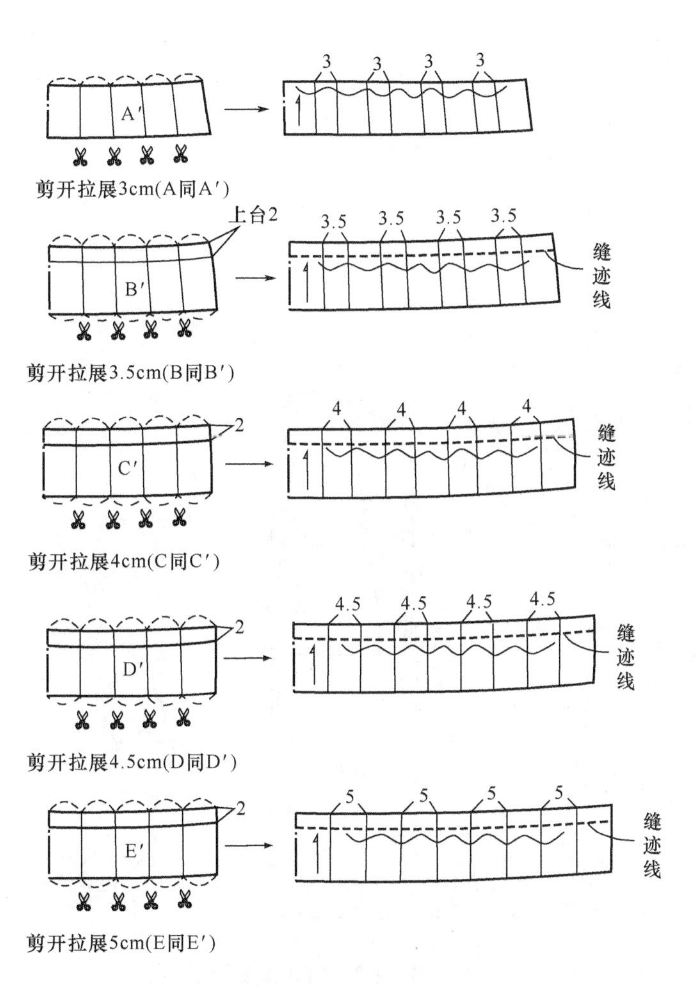

图 6-1-29　裙片展开图

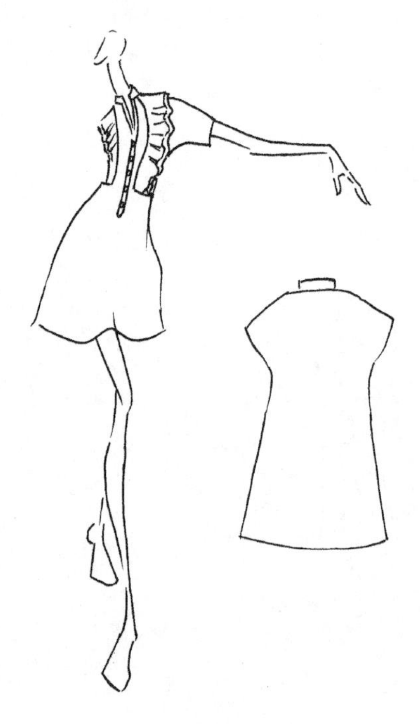
图 6-1-30　波浪褶连肩袖连衣裙款式图

前衣身纵向分割，插入双层波浪褶片装饰，衬托出女性的青春飞扬（图 6-1-30）。

（2）结构设计要点。

①如图 6-1-23，后片肩省的 2/3 转移到袖窿为袖窿松量，前片胸省留在袖窿作为松量。

②胸围放松量在原型基础上减少 4cm，前、后片在侧缝胸围处收进 1cm。

③连袖，肩斜线延长 15cm 为袖长。

④高立领，领宽 4cm。

⑤前片根据款式，定出分割线位置，画出装饰片基本型，再将装饰片分别辐射展开形成波浪褶。

⑥A 字型轮廓，前后片腰围增大 3cm，胸腰连线字裙摆。

（3）设定规格（表 6-1-10）。

表6-1-10　波浪褶连肩袖连衣裙规格表　单位：cm

号 / 型	部位	胸围	衣长	袖长	领座宽
160/84A	规格	92	80	15	4

（4）结构图（图 6-1-31）。

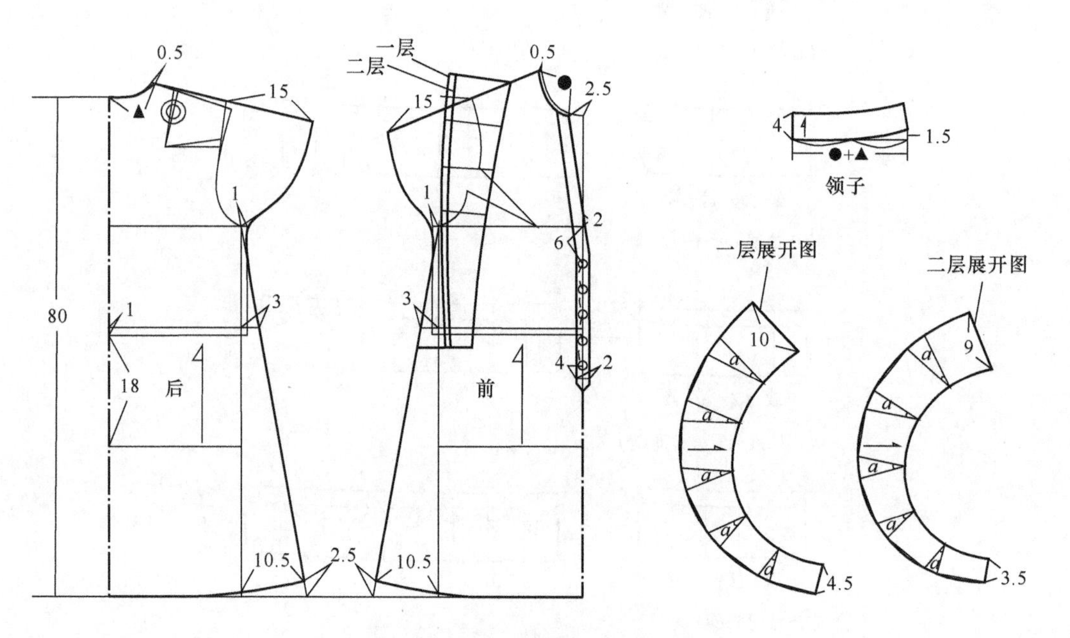

图 6-1-31　波浪褶连肩袖连衣裙结构图

第二节　大衣纸样设计

大衣是指衣长过臀的外穿服装，广义上也包括风衣、雨衣。19 世纪 20 年代，大衣成为日常生活服装，现代男式大衣大多为直形的宽腰式，款式主要在领、袖、门襟、袋等部位变化；女式大衣一般随流行趋势而不断变换式样，无固定格局，如有的采用多块衣片组合成衣身，有的下摆呈波浪形，有的还配以腰带等附件。

一、大衣分类

1. 按长度分类

（1）长大衣：长度至膝盖以下，约占人体总高度（号）的 5/8+7~20cm。

（2）中长大衣：长度至膝盖或膝盖略上，约占人体总高度（号）的 1/2+10~20cm。

（3）短大衣：长度至臀围或臀围略下，约占人体总高度（号）的 1/2。

2. 按材料分类

（1）呢大衣：用厚型呢料裁制的大衣，保暖性强、造型美观。

（2）裘皮大衣：用动物毛皮裁制，如狐皮、貂皮、羊皮等，优雅华贵。

（3）羽绒大衣：用化纤布作面、里料，中间絮羽绒的大衣，时尚温暖。

3. 按用途分类

（1）礼服大衣：礼仪活动时穿着的大衣。一般采用毛皮、丝绒等高贵质地的材料制成。

（2）风雪大衣：以抵御风寒为主要目的的大衣，多为连帽设计。

（3）两用大衣：兼具御寒、防雨作用的大衣，晴雨两用大衣是由风衣生活化、时装化而派生的。

4. 按造型分类

（1）S 型大衣：衣身合体，以身体的自然曲线为造型的大衣。

（2）H 型大衣：衣身较为宽松，直筒型轮廓，多采用无省直线造型的大衣。

（3）A 型大衣：肩、胸部合体，从胸部扩展到下摆的大衣。

（4）X 型大衣：利用公主线或腰带收腰，展开下摆的大衣。

二、大衣纸样艺术设计

1. 不对称领连袖大衣

（1）款式特点。连肩袖 A 型中长大衣，左领为平驳领、右领为青果领的不对称领型，驳头以下门襟镶皮料，腰部束同色皮质腰带，既合身又时尚。衣袖较为合体，腋下插角与袖片相连，满足袖子的活动量。叠门较宽，门襟无扣，系装饰腰带（图 6-2-1）。

图 6-2-1　不对称领连袖大衣款式图

（2）结构设计要点。

①后片肩省的 2/3 转移到袖窿，剩余的省量作为肩部吃势；前片胸省的 2/3 留在袖窿，1/3 转至侧缝处。

②后衣长 90cm，胸围放松量 12cm，衣身整体造型为 A 字型，侧下摆张开 3cm。

③从肩端点起画斜线与水平线夹角 45° 为前袖中线，后袖中线向上偏 0.5cm。

④前袖口 = 袖口 -1cm-4cm，后袖口 = 袖口 +1cm-4cm；插角止点在胸宽线、背宽线上，均距胸围线 2cm。

⑤插角长度为前后袖底长，插角袖口宽 8cm。

⑥左领平驳领结构，右领青果领结构，领座宽 3cm，翻领宽 5cm 宽，倒伏量为 $x+(b-a)$。

（3）设定规格（表 6-2-1）。

表6-2-1　不对称领连袖大衣规格表　　单位：cm

号 / 型	部位	衣长	胸围	腰围	领座宽（a）	翻领宽（b）	袖长	袖口围
160/84A	规格	90	96	96	3	5	54	32

（4）结构图（图 6-2-2）。

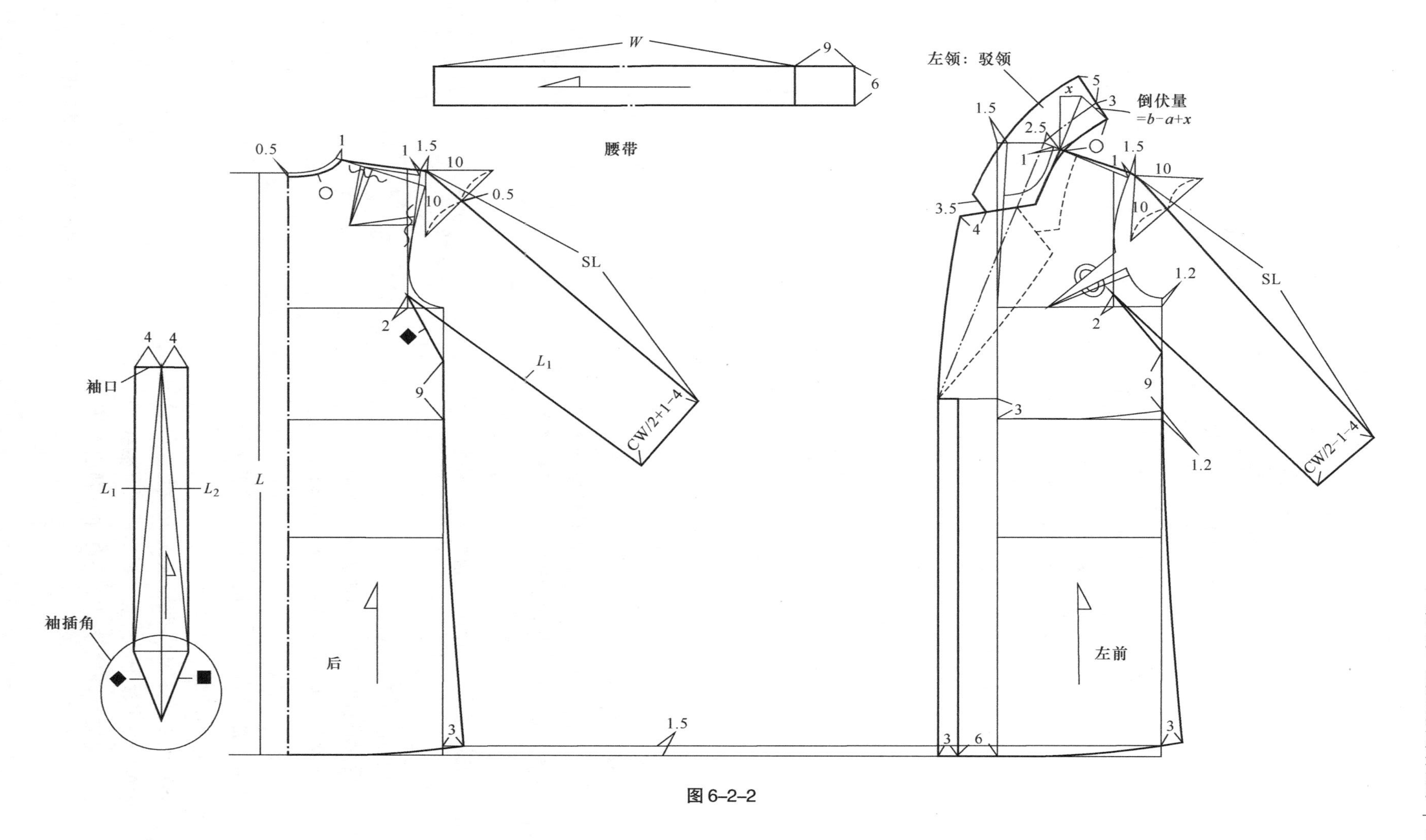

图6-2-2

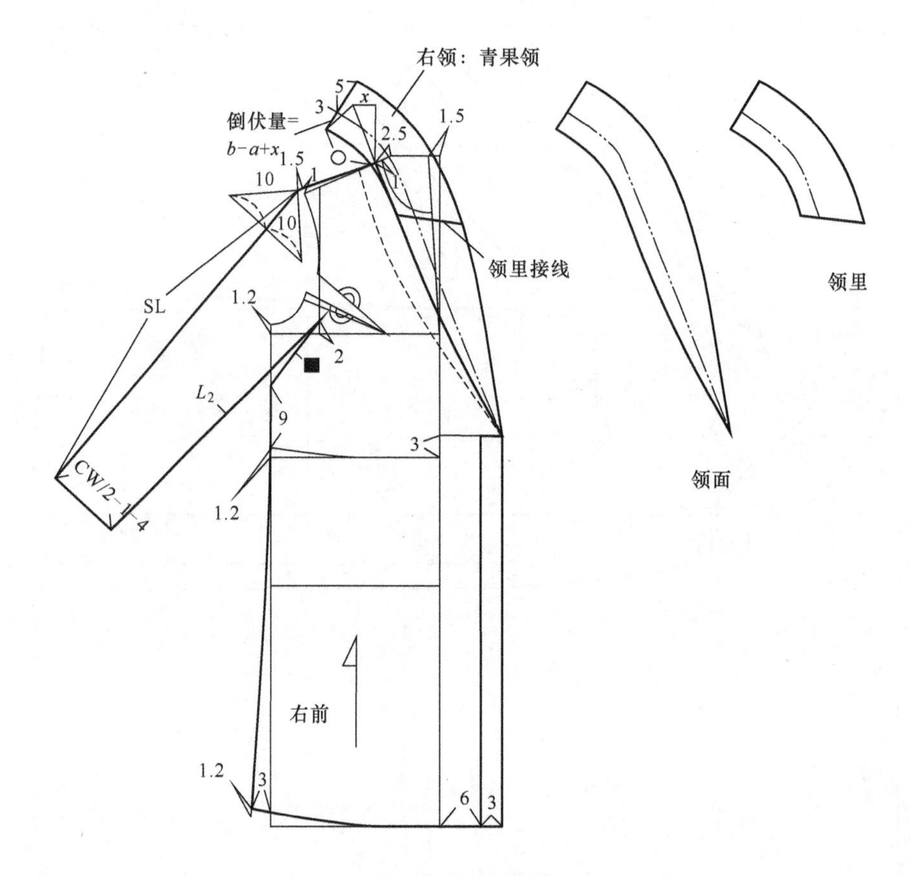

图 6-2-2　不对称领连袖大衣结构图

2. 披肩领短大衣

（1）款式特点。一款近年来的时尚女短大衣，双色双面呢料，造型较宽松。披肩领，后中拼缝，前领口内收领省，大贴袋，宽双排无纽扣，腰部束腰带。一片式圆装袖，袖口外翻（图 6-2-3）。

（2）结构设计要点。

①后片肩省的 2/3 转移到袖窿，剩余的省量作为肩部吃势；前片胸省的 1/2 留在袖窿，1/2 转至领口处形成领省。

②胸围放松量在原型的基础上增加 2cm，前后片胸围均在侧缝处加放 0.5cm。

③在前衣片上画出披肩领款式廓形，以驳口线为对称轴作领子对应点，画出前领结构线。

④为使披肩领的造型宽松自如，领底线下

图 6-2-3　披肩领短大衣款式图

弯度较大，倒伏量为 $=x+(b-a)$，倒伏线上再取后领口弧长○作垂线确定后领宽 20cm，其中领座宽 a=2cm，翻领宽 b=18cm。

⑤袖中线在袖口处向前倾斜 2cm，前袖口大 14cm，后袖口大 15cm，外翻袖口宽 6cm。

（3）设定规格（表 6-2-2）。

表6-2-2　披肩领短大衣规格表　　单位：cm

号 / 型	部位	衣长	胸围	垫肩厚	领座宽	翻领宽	袖长	袖口围
160/84A	规格	80	98	1.5	2	18	54	30

（4）结构图（图 6-2-4）。

3. **插肩袖波浪下摆短大衣**

（1）款式特点。此款是 A 字型短大衣，简洁大方。无叠门，青果式翻折领，波浪形下摆，

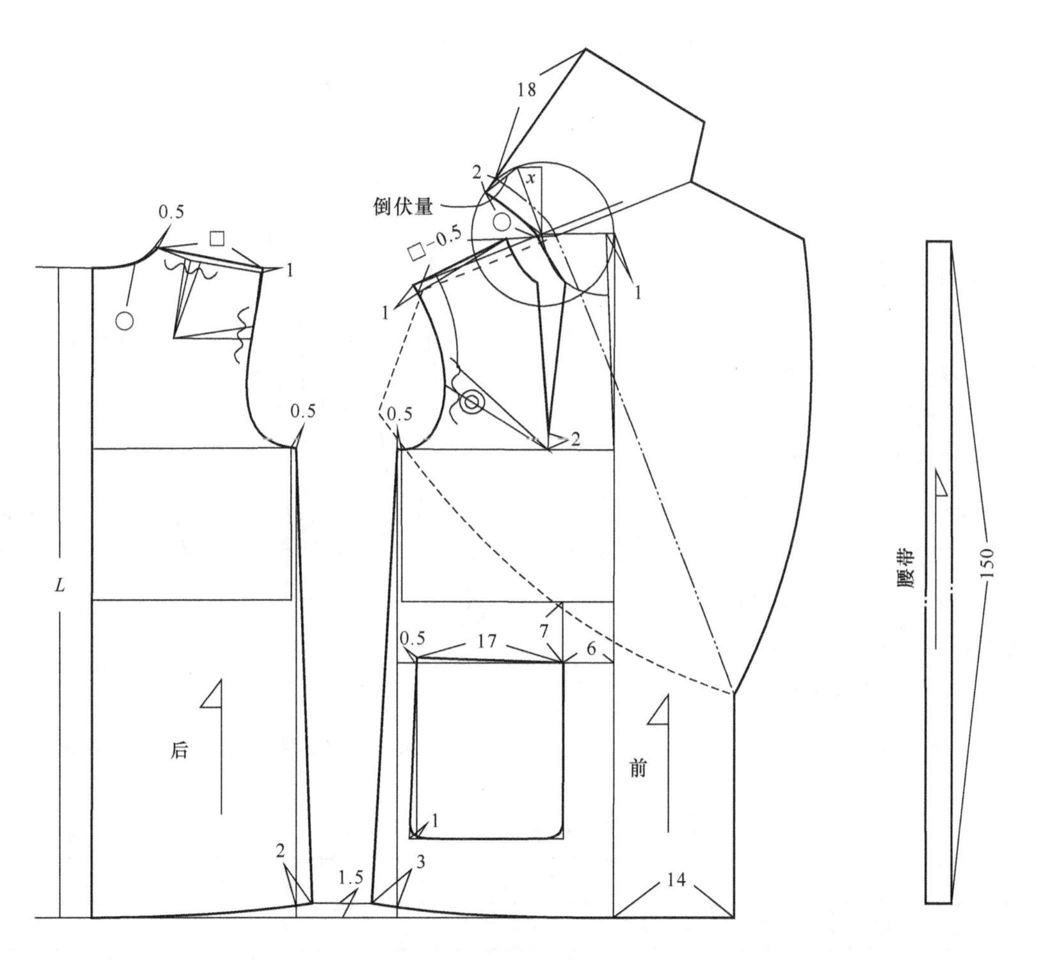

图 6-2-4

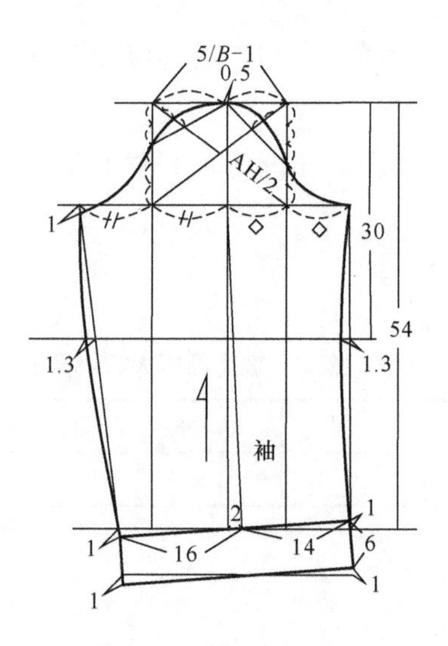

图 6-2-4 披肩领短大衣结构图

七分合体插肩袖，尽显职场女性的优雅时尚（图 6-2-5）。

（2）结构设计要点。

①后片肩省的 2/3 转移到袖窿，剩余的省量作为肩部吃势；前片胸省的 2/3 留在袖窿，1/3 转至侧缝处。

②后衣长 80cm，胸围放松量 12cm，衣身整体造型为 A 字型，侧下摆张开 4cm，前片下摆弧形画顺。

③从肩端点起画斜线与水平线夹角 45°为后袖中线，前袖中线向下偏 0.5cm。

④前袖口 = 袖口 -0.5，后袖口 = 袖口 +0.5，七分袖长 46cm，袖口钉装饰扣。

⑤青果领结构，领座宽 3cm，翻领宽 6cm 宽，倒伏量为 $x+(b-a)$。

（3）设定规格（表 6-2-3）。

图 6-2-5 插肩袖波浪下摆短大衣款式图

表6-2-3 插肩袖波浪下摆短大衣规格表　　单位：cm

号 / 型	部位	衣长	胸围	垫肩厚	领座宽	翻领宽	袖长	袖口围
160/84A	规格	80	96	1.5	3	6	46	26

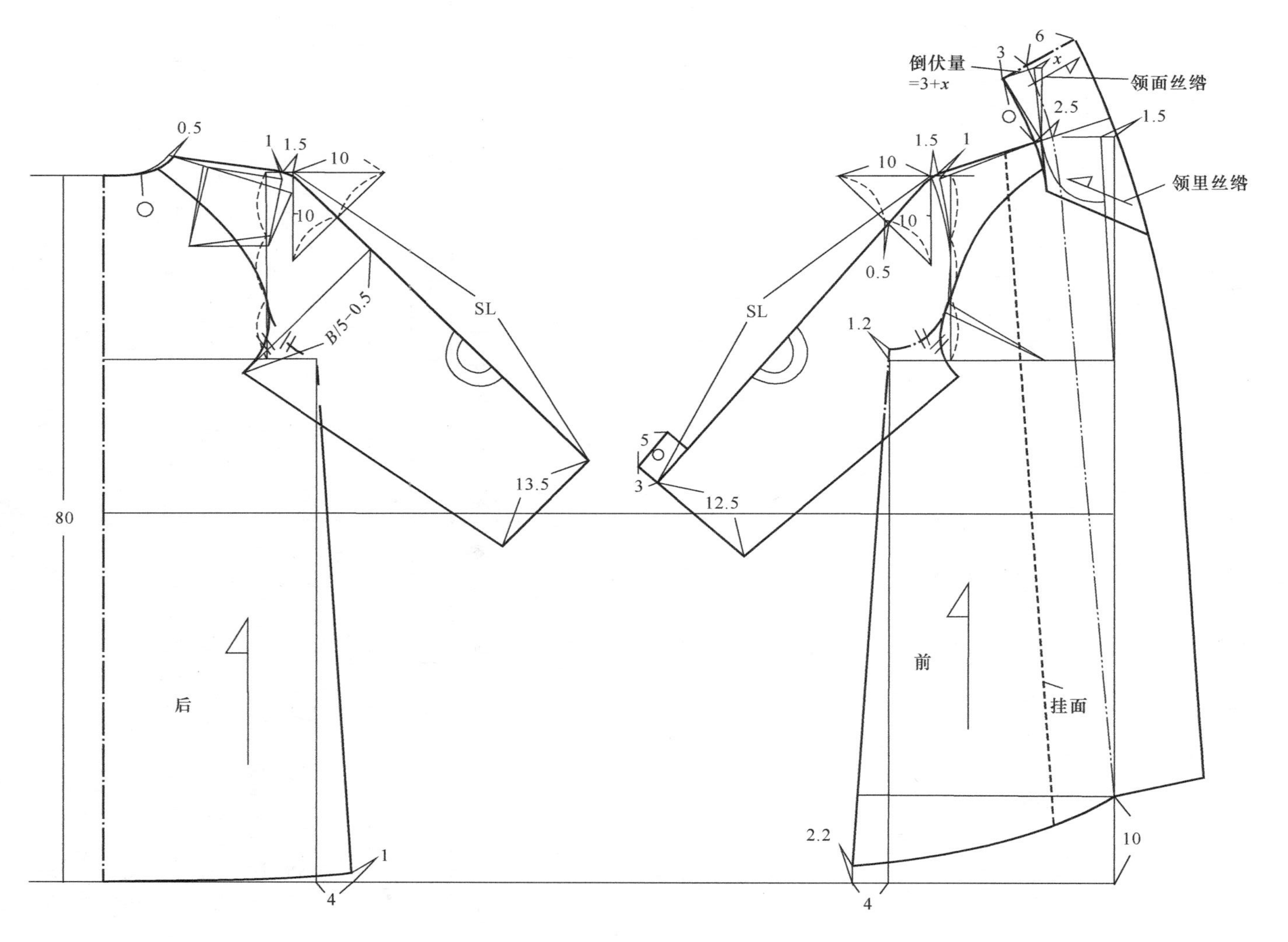

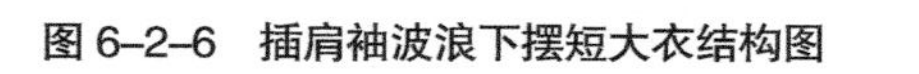
图 6-2-6　插肩袖波浪下摆短大衣结构图

（4）结构图（图 6–2–6）。

4. *纵向分割直身风衣*

（1）款式特点。这是一款直身式稍收腰型风衣，前后纵向分割，低腰束腰带，前身弧形肩育克，斜插袋，前中装拉链，加里襟，平翻领，一片袖（图 6–2–7）。

图 6–2–7 纵向分割直身风衣款式图

（2）结构设计要点。

①后片肩省的 2/3 转移到公主线，剩余的省量作为肩部吃势；前片胸省的 1/3 留在袖窿，2/3 转至领口处分割线。

②胸围放松量在原型的基础上增加 2cm，前后片胸围均在侧缝处加放 0.5cm。

③成衣尺寸的胸腰差是 13cm，后片腰节处收进 =2+1.5=3.5cm，前片收进 =1.5+1.5=3cm。

④下袋口高钉腰襻，为束腰带位置，腰带宽 4cm。

⑤平翻领，倒伏量为 5cm，前后领宽 7cm。

⑥一片袖结构，袖中线在袖口处前倾 2cm，平分袖口围。

（3）设定规格（表 6–2–4）。

表6–2–4 纵向分割直身风衣规格表　　单位：cm

号 / 型	部位	衣长	胸围	腰围	垫肩厚	领宽	袖长	袖口围
160/84A	规格	90	98	85	1.5	7	50	26

（4）结构图（图 6–2–8）。

5. *燕尾服式风衣*

（1）款式特点。一款时尚前卫的风衣。弧形门襟，似燕尾服；一粒扣，左前身开手巾袋，收肩省，腰部收腰省。后身背部横向育克分割，育克线下纵向分割，左右各一省。翻折领，两片式圆装袖（图 6–2–9）。

（2）结构设计要点。

①如图 6–2–10 所示，后片肩省的 2/3 转移到育克分割线，剩余的省量作为肩部吃势；前片胸省的 1/3 留在袖窿，2/3 转至肩部形成肩省。

②胸围放松量 12cm，后片胸围在后中线处去掉 0.5cm，故在侧缝处放出 0.5cm。

③成衣尺寸的胸腰差是 18cm，后片腰节处收进 =1.5+3+1.5–0.5=5.5cm，前片收进 =

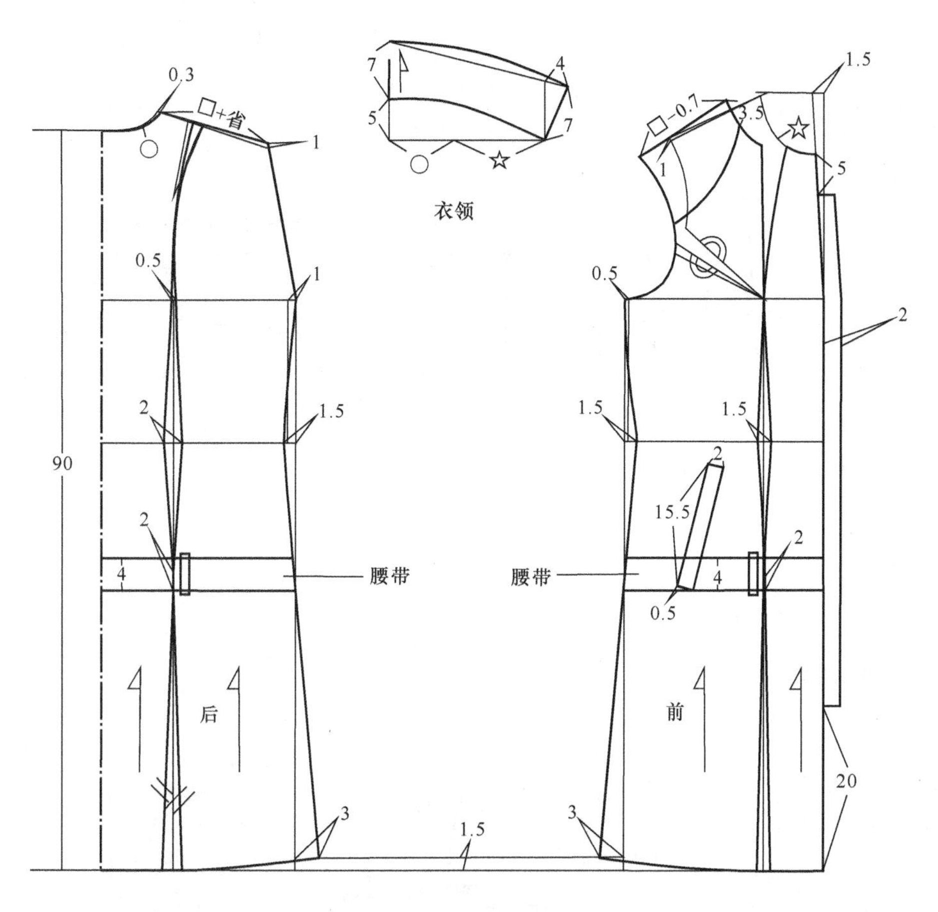

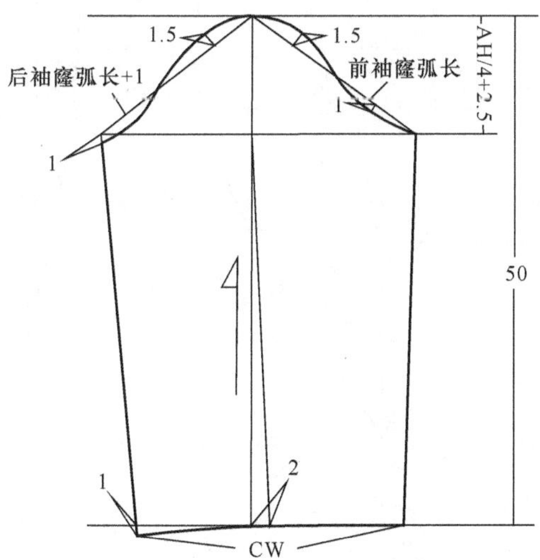

图 6-2-8　纵向分割直身风结构图

图 6-2-9 燕尾服式风衣款式图

1.5+2=3.5cm，腰节线上抬 1cm。

④翻折领，倒伏量 $h=b-a+0.5$cm（修正值）。

⑤两片袖结构，前偏袖量为 2.8cm，后偏袖量为 2.6cm，绘制大小袖片。

（3）设定规格（表 6-2-5）。

表6-2-5 燕尾服式风衣规划表　　单位：cm

号 / 型	部位	衣长（L）	胸围（B）	腰围	底领宽	翻领宽	袖长（SL）	袖口围
160/84A	规格	85	96	78	3	4.5	61	26

（4）结构图（图 6-2-10）。

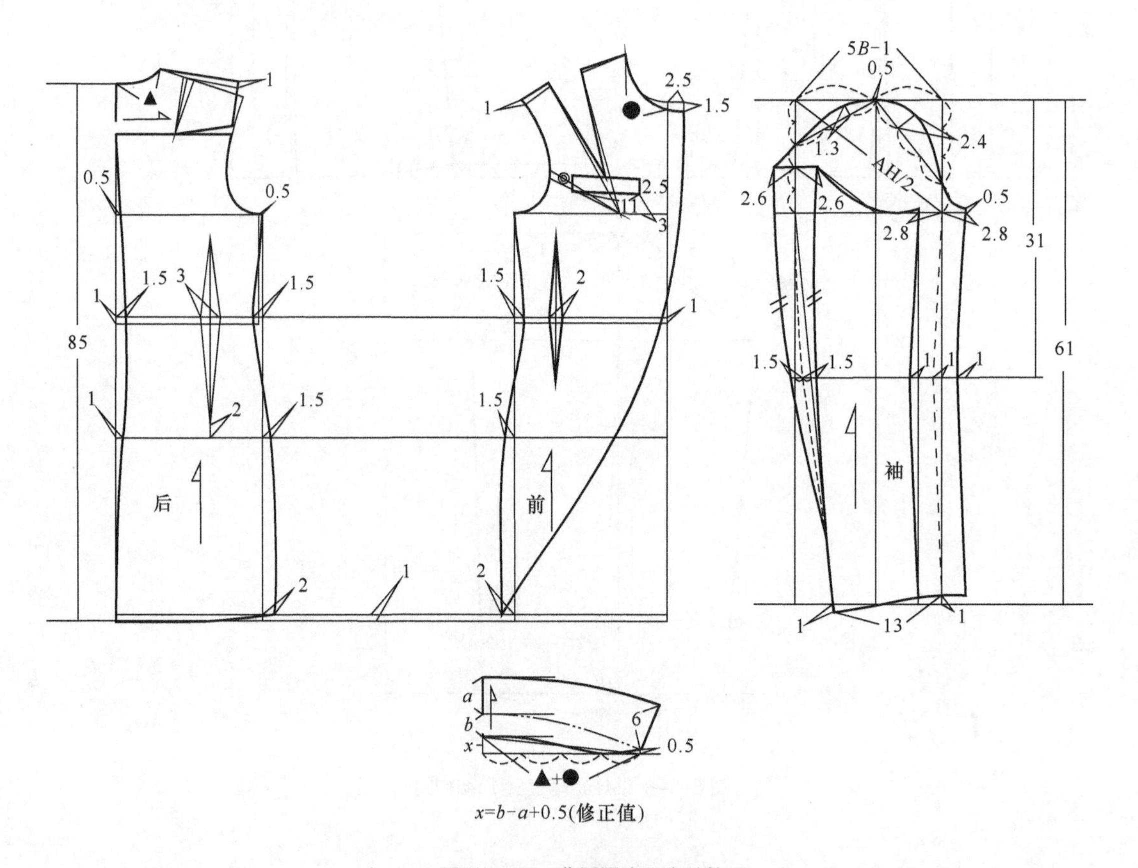

图 6-2-10 燕尾服式风衣结构图

思考练习题

1. 连衣裙可按哪几种形式分类?
2. 大衣可以按哪几种形式分类?
3. 选择本章的连衣裙款式进行结构制图与纸样制作，制图比例分别为1 ∶ 1和1 ∶ 5。
4. 选择本章的大衣款式进行结构制图与纸样制作，制图比例分别为1 ∶ 1和1 ∶ 5。
5. 收集整理时尚流行连衣裙款式，选择3~5款进行结构制图与纸样制作。
6. 收集整理时尚流行大衣款式，选择3~5款进行结构制图与纸样制作。

参考文献

[1] 三吉满智子. 服装造型学·理论篇 [M]. 郑嵘，等译. 北京：中国纺织出版社，2008.

[2] 刘瑞璞. 服装纸样设计原理与技术·女装编 [M]. 北京：中国纺织出版社，2008.

[3] 中道友子. パターンマジック [M]. 东京：文化出版局，2005.

[4] 中泽愈. 人体与服装 [M]. 袁观洛，译. 北京：中国纺织出版社，2000.

[5] 魏静. 服装结构设计（上册）[M]. 北京：高等教育出版社，2006.

[6] 苏石民，包昌法，李青. 服装结构设计 [M]. 北京：中国纺织出版社，1999.

[7] 陈明艳. 女装结构设计与纸样 [M].2 版 . 上海：东华大学出版社，2013.

[8] 徐雅琴，马跃进. 服装制图与样板制作 [M].3 版 . 北京：中国纺织出版社，2011.

[9] 文化服装学院 . 文化服饰大全 服饰造型讲座——女衬衫·连衣裙 [M]. 张祖芳，等译. 上海：东华大学出版社，2005.

[10] 文化服装学院 . 文化服饰大全 服饰造型讲座——套装·背心 [M]. 张祖芳，等译. 上海：东华大学出版社，2005.

[11] 余国兴. 女装结构设计与应用 [M]. 上海：东华大学出版社，2002.

[12] 柏昕. 服装缠绕褶纸样设计研究 [J]. 青岛大学学报，2014（3）：100-103.

[13] 柏昕. 垂坠褶服装的纸样设计 [J]. 纺织导报，2014（12）：74-76.